如意·生活

SATISFACTORY LIFE

许晨星　著

团结出版社

为善意—尽心意—如意人生

优雅的生活家

初识晨星，是在2018年上半年，鑫山筹建天津分公司期间。她在公司筹备期就加盟鑫山，成为第一批"白板"新人。初次见到她，很难不被她优雅的气质所吸引。她像王公贵族一般，展现出大气、自然、自信的大家风范。后来我知道她从小就学习声乐，毕业于天津音乐学院，才明白这是一种长年被艺术熏陶出来的优雅气质。

随着公司的发展，她的保险事业也不断发展壮大，去年她晋升为大团队长（业务副总经理），是公司外勤的一把手。她努力并不断突破，丝毫没有侥幸，处处可见用心、用力之处。特别是她在公司内开风气之先，在视频号领域做出了大V的IP人设品牌，仅2023年一年就获得了17万个粉丝，观看量累积达3500万次。

2023年上半年，我出版了一本新书《出将入相》，畅谈我的保险人生与领导历程。为了做更多的分享，我特别邀请《了不起的星总》栏目的晨星，一起连麦做直播。坦白讲，我开始还有点担心：直播过程是否能顺畅合拍？虽然晨星拥有丰富的新媒体运营经验，但对于领导力的话题，她是比较生疏的。不过，勤能补拙，每次直播前，她都用心准备对谈内容，并事先与我沟通重点。她有着强烈的责任心、敏锐的反应力，正因如此，几场直播都得到了很高的评价，观看流量超过预期，这反映出晨星一贯认真的态度。

晨星写完《如意生活》后嘱咐我为她的新书作序，我读完全书后才真正发现，原来晨星不仅是一位外表看起来优雅的女士，还是一位优雅的生活家。

什么是优雅的生活家？首先，要了解自己，明白自己的优势及短板是什么；懂得取舍，知道自己该要什么，不该要什么。比如，晨星在学习声乐期间发现了自己的局限后，转行做教育；发现教育行业的局限后，又投入有无限可能的保险销售行业，同时悠游于工作、生活和家庭之间。其次，能守住自己的底线，并形成自己的原则，包括诚信、正直、纪律等。再次，明白人生的目的和动机。人生到底为何而战？生命价值与市场价值如何取舍和平衡？生活中最美好的事，是做自己感兴趣、能发挥优势且利他的工作。最后，最重要的是在生活、工作、家庭、亲子、朋友的复杂矛盾关系中，找到平衡点，有所取舍，做出正确的选择，努力经营内心的幸福感和富足感。从书上的字里行间，我看到了晨星的实践和成就。

生命的精彩，来源于精神层面的丰富和物质层面的无匮乏。精神方面要有追求，而物质方面也要有规划目标。晨星历经唐山大地震灾后重建、求学挫败、事业转折，身为人子、人妻、人母，她有着细腻而丰富的生活经验，在工作方面也具有深厚的保险领域功底。她将这两种经验巧妙地融合在一起，提出了理论与实务兼备的各种类型的家庭理财规划，把退休养老、子女教育、家庭医疗、财富管理等需求解释得全面到位，把专业的知识转变成浅显的文字，非常有参考性、启发性，值得一读。

令我惊喜的是，本书最后一章阐述了她对慈善公益的理解与她的实践。我一直不懈地引导我的团队积极参与公益项目和慈善活动，多做对社会、公众、弱势群体及周遭环境有价值的事，并将爱与善的种子广泛播种，影响、鼓励身边更多人参与进来，共建和谐社会。保险从业人员若能具备利他思维、心存善念、助人为乐，不但可以丰富个人的心灵，使个人获得满足感，还可以广结善缘，使保险事业生意兴隆。

我喜欢晨星新书的书名：《如意生活》。怀着初心，保持热情，是她一贯的信念，也是她生活的态度。俗话说，人生不如意事十之八九。晨星用逆向思维面对各种艰难、挫折，将其视为一种磨炼，"动心忍性，曾益其所不能"，以成就更好的自己。如意生活，不只是一种向往，更是一种实践。我相信此书对许多迷茫困惑的人有启发指引之效，特别是对于未经历过匮乏年代的"95后"年轻人，面对快速变迁、错综复杂的AI新时代，如何更好地做自己，如何过正确的生活，如何选择合适的人生路径，必定大有裨益。

林重文

2024年1月于上海

做如意生活的创作者

欣闻好朋友星总即将出书，替星总开心，有幸提前阅读她的《如意生活》，原以为作为财富管理的专业人士，出书应该以专业内容为主，实际阅读起来却是非常贴近生活，与她给我印象非常一致：松弛而积极。所以将此书推荐给大家。

在这个快节奏、高压力的时代，我们每个人都在追求一种理想生活状态——如意生活。然而，真正的如意生活是什么？如何实现？这些问题常常萦绕在我们的心头。许晨星女士的《如意生活》为我们提供了一份详尽的答案和指南。

这本书不仅仅是一本关于生活哲学的散文集，更是一本充满智慧和实践指导的生活手册。作者许晨星以其丰富的人生阅历和深刻的思考，带领我们探索如何在复杂多变的现代社会中，找到属于自己的幸福和满足。

从个人成长到家庭理财，从职场打拼到子女教育，再到退休规划和慈善公益，书中涵盖了人生的各个重要阶段。每一章节都充满了作者的真诚分享和深刻见解，她用自己的经历告诉我们：如意生活，不仅是一种向往，更是一种可以通过努力和智慧实现的实践。

特别值得一提的是，许晨星女士在书中对于保险行业的深刻理解和独到见解，为我们提供了一种全新的视角来看待家庭财务规划和风险管理。她的经历和思考，无疑为那些希望在职场和生活中找到平衡点的读者，提供了宝贵的参考。

此外，这本书也是一位母亲对女儿们的深情寄语。在书的后记中，作者表达了对女儿们未来生活的期望和祝福，希望她们能够拥有健康、快乐的人生，同时也能够勇敢地面对生活中的挑战和困难。

《如意生活》是一本温暖人心、启发思考的书。它不仅适合那些正在寻找生活方向和目标的读者，也适合那些希望提升生活质量、实现个人价值的读者。我相信，每一个阅读这本书的人，都能找到通往如意生活的钥匙。

　　最后，我要向许晨星女士表达我的敬意和感谢，感谢她将自己的生活智慧和人生经验无私地分享给我们。愿《如意生活》能够触动更多人的心灵，引领大家走向更加美好和如意的生活。

李璞

在变数中打造安全感

　　与晨星相识于天津，至今已有6年的时间，虽不算长，但却有幸见证她这几年很大的成长和突破，这样讲似乎有点"倚老卖老"之嫌，可这是我内心最真实的感受。

　　在众人眼中，她是令人羡慕的人生赢家：有两个可爱贴心的女儿，有自己喜欢并能长期发展的事业；工作中她是温暖包容的队长，生活中她是热爱生活、有内涵的才女。

　　作为一位在教育和保险行业深耕多年的专业人士，晨星的这本《如意生活》以其丰富的人生阅历和独特的视角，辅以真实的故事和案例，深入剖析了人生各个阶段的关注点和痛点，为我们提供了一系列实用的解决方案。

这本书是她人生智慧的总结，也是她送给孩子的礼物。在书中，她不仅分享了如何为自己和家人规划美好未来，还以一位母亲的独特视角分享了对子女教育、婚恋观、个人成长和中年危机等人生课题的观点。她认为，人生的如意生活并非遥不可及，只要提前规划、勇敢面对，每个人都能找到属于自己的幸福路径。

在这个充满变数的时代，我们都需要一份稳定的安全感。《如意生活》这本书，正是作者为我们量身定制的一份人生保障方案。无论你身处人生哪个阶段，这本书都能为你提供宝贵的启示和指导。

真诚推荐这本《如意生活》给广大读者，祝《如意生活》大卖，也祝所有读者都能拥有自己的如意生活！

雷宇

推荐序四

除了生活，没有大事

看完星总的新作之后，我感觉星总真的很了不起。

《高效能人士的七个习惯》一书的作者史蒂芬·柯维在一场关于时间管理的演讲中做过一个经典的比喻，以此来解释时间管理乃至人生管理中的一个重要原则：要事第一。

但是，我从第一次知道这个现场实验的那一天起，就被一个问题深深吸引：如果瓶子代表我们的人生，大石头代表重要的事情，沙子代表各种琐事，那么容器中无处不在的水指的又是什么呢？

不论大事还是小事都浸泡在水中，水才是容器中最多的物质，代表我们的生活。

如果只看到了大石头，那必将会错过太多的精彩。这样的人生可能会因为功利而变得高效，但我在终点回顾这一生的时候一定会有很多遗憾。

在我看来，星总的了不起之处就在于她对生活的热爱。

星总对于退休、爱情、父母、子女、职场、慈善的细腻观点，无不来自她对生活的热爱和细致的观察。

我一直认为每一次阅读都是读者和作者之间进行的一次交流，从星总的观点和结论中，我不仅能感受到她所表达出来的内容，还能体会到她的人生。

特别是星总将自己在财务规划领域的专业理解融合到对生活的体验中，让人收获良多。

工作对于大多人来说，也许都是那块"大石头"，可能是因为星总工作在个人财务领域，她可以将个人财务规划的思维和自己对生活的观察相结合。我想这可能也是她的视频那么火的原因之一吧。

2024年，当星总把这本沉甸甸的书摆在我们面前的时候，我希望更多的人可以看到她了不起的一面。

世界上只有一种真正的英雄主义，那就是认清生活的本质后依然热爱生活。　　——罗曼·罗兰

谭健

2024年1月

家人无条件的爱
是我"奋斗不息、折腾不止"的底气

　　这是第一次以如此公开的方式，回顾自己的成长经历，分享自己过去的心路历程。生活中每次跟朋友分享我的求学和工作经历的时候，她们都会忍不住赞叹其中的戏剧性，每一个都出乎意料的人生选择，就像一颗颗珍珠，串联起来了整个人生。但，真实发生的人生轨迹似乎总跟设想的不同。另一个是对我的羡慕。其实，我知道，原生家庭对我的无条件的爱，才是我不断折腾的底气。

我的家乡是被称为"凤凰城"的唐山。历史上，唐山有2次被大众所熟知的机会。第一次是唐山大地震。地震发生后，当时许多国外媒体都说唐山这座城市将会在地图中被抹去，然而这座47年前被夷为平地的城市，早已经历重建，焕发新生。第二次是因为唐山籍演员赵丽蓉。这个在中国家喻户晓的小品演员，向大家传递的不仅仅是欢乐，还有乐观和坚韧的精神。我是大地震后出生的，父母都是地道唐山人。在我的成长过程中，他们坚韧、乐观，幽默，豁达的性格，也无时无刻不在塑造影响着我。生活会给他们各种磨砺，或得到或失去，但无论如何，每天都会乐乐呵呵的对待自己。就像唐山重建时，虽然面临着无数难以想象的难题，但还是凭借着乐观和坚持完成新生。人生充满无数的变化，唯有他们用永远不变的爱，呵护着我前行。

　　回望大学毕业至今，二十余年时光匆匆，青涩尽褪，熟龄渐显。追逐梦想的时光很长；拥抱恋爱的画面悠悠；成为妈妈的安慰和感动；创业的忙碌与幸运……我们都一样，奔赴在生命的旅程里，每一段成长都是纪念。

　　我是在金融行业里为数不多的，学艺术的，毕业于天津音乐学院声乐表演系，以至于每次跟客户介绍我自己经历的时候，他们都以惊讶开场，有点小意外，但不得不说，与大家相处下来，"才华"是我绝对的加分项。

而在艺术上的天赋和求学生涯的曲折，也变成了我的专属回忆，记忆里是满满的"爱与包容"。

记得小学时，羡慕其他小朋友能学跳舞，爸爸妈妈便给报了舞蹈班，因为喜欢，坚持学了7年。姑姑是教声乐的，姑父是教钢琴的，每次去姑姑家，看到小朋友在钢琴前上课，我都会充满好奇，妈妈感受到了我的兴趣，问我要不要跟着他们去学声乐和钢琴，我点了点头。就这样，开始了妈妈骑着自行车送我去学习声乐专业的学习生活，从五年级开始一直到我考大学，风雨无阻。

到了初中，我有时候会请假去上舞蹈课和声乐课，班主任老师非常不支持我，总是对我学习艺术这件事嗤之以鼻，常常排挤我。后来爸爸知道了，他说如果老师不支持，咱就转学。当时很多人都说，家里太娇惯我了，连我自己都觉得很惊讶，初三，爸爸真的给我转学了。一年后，1996年的夏天，我以专业第一名的成绩考入唐山师范学校，市重点、每个月有费用补贴、毕业后包分配工作，我永远记得回学校拿录取通知书的时候，学校喇叭里播放着优秀毕业生录取名单，有我的名字，很骄傲。

顺利考上了师范学校，那是我青春期最叛逆的三年，逃学、谈恋爱、处处挑战学校的军事化管理，俨然成长为别人眼中的不良少女。毕业后，同学们大部分都服从安排，在当地的小学当老师，就业。而我，放弃了当时包分配的工作，一心想要考大学。"不想就业就去学吧"爸爸妈妈轻描淡写的一句，没有我想象中的争吵，甚至都没有一次像样的谈话，父母就这样同意了。于是开启了备考生活，中国音乐学院三轮专业面试通过，却止步于高考成绩，非常挫败。学没考上，包分配的工作也没了，而父母竟然一句责备都没有，我好像一下子长大了。

后来命运让我认识了我的大学导师，他一句，"你这丫头不学声乐可惜了"使我又重启了高考，一年后考入了天津音乐学院，开始了四年专业学习，我的大学梦也得以圆满。在我后来的生活里一直会无意间回溯到这段时光，尤其是在梦里，总会出现反复考试的画面。那段记忆实在是太深刻了。

音乐学院毕业，是我跟艺术毫无关联的开始，也是我人生的一道分水岭，从此再没有做过与声乐专业有关的事。

因为20年前，声乐专业毕业后相对体面的发展有两条路，一是当老师，我评估了一下，我做不了也不感兴趣；二是进团体，"伴宴"、"助兴"的角色，出现在各种场合，距离我心中的艺术还是差距比较大的，没有成就感和也没啥社会尊重。所以，我放弃了专业，人生轨迹又一次转弯。而这样的决定，父母又再一次给了我支持。最大的包容和极度的安全感，多年后我在教育孩子时有个最深的体悟，家是什么地方？家就是兜底的地方。

写这本书的时候，我是一个从业六年的专业的保险代理人，也是一个拥有20多万粉丝的财经博主，而我从事财富管理的工作，也跟我和我的家庭有关。

从业之前，是一个资深的保险爱好者，资深到年交保费200万。大规模地买保险是从2012年开始的，那一年我升级成为妈妈，出了月子就安排了孩子的保险。

全职带娃的时光，一次偶然的机会，在新闻联播里看到一组画面，国外的家长们和孩子一起游泳，而水中的宝宝差不多都是七八个月大的宝宝，和当时我家大宝差不多。最让我震撼的是，这些几个月的宝宝们，在水中睁着大眼睛，小腿有力的蹬着水，简直就是水中的精灵。就这样，我头脑一热，开创了天津市第一家亲子游泳机构，一做就是十年。

创业后，随着自己对财富的理解越来越透彻，经营管理也越来越成熟，意识到家庭资产和企业资产不能够混同在一起。身边有很多的创业者，没有把这事儿搞清楚。有一个真实的案例，一家教育机构，由于经营不善破产了，因为教育机构都是预收款，有很多未消课时，家长起诉后，相关机构核查账务的时候，发现这家教育机构把公司的收款用于家庭开支，这是典型的混同。最后的结果就是家庭资产被穿透，老板房子被迫清偿债务。

也正是这件事就让我产生了思考，第一，家庭和企业的钱必须都是分开的，且不能因为企业的经营的好坏导致我家庭的资产受到影响。第二，我身边也有很多的朋友，在企业经营的过程中，遇到了一些挑战，需要一些资金的周转，把自己家里房子都抵押了，但是企业的经营并没有走上正轨，而家里的钱也被耗干了。

怎么才能义无反顾的创业？那就是提前把该规划的都规划好，该准备的钱都提前留出来。例如，孩子上学的钱，我安排好了；自己万一生病需要用的钱，我安排好了；父母养老的钱，我安排好了；甚至孩子毕业想买房的首付、买车、旅行基金等等，都用保单安排了。正是这样的"不灵活"的安排，给我的创业带来了更大的底气，因为我知道，未来需要用钱的地方我都有所准备，有了这个安全垫，我就可以义无反顾的创业了。

当然，创业也没有那么的一帆风顺，亲子游泳这个品类，有几个运营上比较大的挑战，单店投入成本过高，1000多平方米的场馆，只能有一个场地上课，而其他早教，坪效是亲子游泳的几倍，但客单价却差别不大。另外，早教的项目，用户生命周期都比较短，很多孩子大了以后就不怎么来上课了。作为教育创业者，一方面有教育情怀的坚持，一方面有创业者的理智，所以一直在寻找一些可以提高收入的服务和产品。那几年，作为资深保险用户，我真心觉得保险是很好的产品，每个家庭都需要，当然还有几点考量。第一，保险足够安全，相较其他金融产品，不会让我的客户有损失；第二，保险服务周期长，从小到老，甚至有机会能服务三代人，每个家庭都需要更科学更合理的安排和规划。既然我想给客户提供更专业的服务，我就不能只是一个客户的视角，我就需要深入的了解行业、产品等等，就这样一步踏进的保险行业，从一个资深保险爱好者成为一名从业者。

　　2018年，结识了鑫山保险代理公司，在鑫山，不售卖单一保险产品，而是站在客户的立场，去匹配更适合他们的保障和规划方案。在同样的预算下，帮客户规划的更全面，在相似的权益下，帮客户节省他的预算。这种服务方式，更客观，更能满足他们的诉求。从此，除了教育工作者以外，又多了一重身份。

　　2020年，疫情突如其来，当大家还抱有幻想的认为情况会像非典一样迅速得到控制时，我果断收缩早教机构的业务，开始为转型做准备，幸好第二收入曲线已经有了相当不错的增长。

2021年10月份，我的最后一家中心转让给了当时市场上我非常尊敬的竞争对手——龙格亲子游泳，彻底结束了所有的经营。

2022年1月3日，奥密克戎从天津出发，整整一年，情况可想而知。这是所有经营者的噩梦，庆幸的是，我提前选择了离场。

2022年8月，我的第一条保险短视频发布在各大平台，瞬间拥有了20万粉丝。

在我写这本书的时候，我曾经的竞争对手，也是我的接任机构，龙格亲子游泳，闭店，跑路……在当地造成了非常大的影响，也给我留下了一些麻烦和隐患。我联系到一些之前的同行，寻求妥善解决的方法，看到大家其实也都苦不堪言，他们苦笑着问我，你怎么算得那么准，止损那么及时？我笑答："因为我认怂，我只是个普通人。"这很明显是一句调侃，当时创业的目标，是为了家庭过得更幸福，我决定关店的时候，又回到了初心，我知道，我不能因为创业，让原本幸福的生活受到一丝丝影响。这一步，

我做对了。

一直以来，我都是一个积极的悲观主义者。习惯了对结果做悲观预设，然后去积极地准备过程，专注的探讨更具实用性的解决办法。但是能够坦然接受任何结果。现在的我，能量满满，更加从容。我扮演的角色也在不断进阶。我是一个走向中年的熟龄女性，是女儿，是爱人，是母亲；是创业者，是团队带头人，是上千名客户的服务伙伴。多个角色让我有机会以多维的视角去看待和思考，也让我持续收获着丰富的生命体验。

感谢你花时间听我赘述"我是谁"，写下这本书也是想和你分享我对生活的思考。

生活就像一个立方体，由社交、财富、爱情、事业、关系等多个方面组成。而这正是一本横跨人生不同阶段，包含生活中需要重点关注和解决的事项而撰写的图书。当然这本书还有另外一个重要的使命，就是作为我和我两位女儿的对话媒介，所以书中的一些内容也是我想说给她们听的话。

关于智慧。有不少人觉得自己知道得多，就是有智慧。其实知道得多充其量能称之为有知识。智慧则是一种基于知识的综合能力的体现，包括分析、判断等能力。在这个信息爆炸的时代，我们需要不断学习，积累知识，提高自己的智慧水平。只有具备了足够的智慧，我们才能在复杂的世界中游刃有余，化解各种难题。

关于生活，我们每个人都在生活实战中学习和成长，体验着喜怒哀乐。如何让生活变得更加美好，如何应对生活中的各种困难和挑战，这些都是我们需要思考和解决的问题。书中分享了我对生活的观察和思考，希望可以对你们有所帮助。有一些弯路有人走过就好，有一些南墙咱们没必要都去撞一遍。

关于社交，人是社会性动物，我们天然生活在一个社交网络中，我们的家人、我们的朋友、我们的城市、我们的国度，紧紧密密，一层一层地把我们包裹住。了解人际交往的艺术，能够让我们更轻松更得体的和其他人链接。得到他人认可和尊重的个体，会更容易获得幸福感。

关于财富，在这个物质世界中，财富是我们生活的地基，我们的欲望清单大多需要以此为基石去满足去实现。如何创造财富，如何管理财富，如何让财富增值，这些都是我们需要掌握的技能。书中分享了我对财富的理解和经验，学会利用杠杆，才能更容易撬动巅峰人生。

关于事业。每个人都有自己的梦想和追求。事业架起的是现实和梦想的桥梁，提供的是情感价值和现金价值。如何选择适合自己的事业，如何在职场中脱颖而出，如何在职场中持续打磨自己的技能……如何在职场竞争中做一个胜利王者，需要的不只是专业水准，更需要你掌握职场规则。职场的任督二脉，想要打通不容易，我们都走在升级打怪的路上。

什么都有说明书，唯独人生没有，封面是由父母决定，内容需要我们自己写。借由这本书，把我这些年不断试错的案例分享出来，给大家避坑；也把我这些年探索得来的教育方法论分享出来，供大家参考；还有一些给人生各方面兜底的保障方案，共享给大家。在这个瞬息万变的世界中，我们都需要不断地学习和成长，才能跟上时代的步伐。如果这些内容，能够为年轻的一代提供一些实用的建议，帮助他们在这个复杂的世界中立足，那将是我的无上荣幸。再次感谢你们愿意倾听。

生活不易，愿我们永远保持热爱；人生纷繁，愿我们永远身有所傍。都说人生中不如意事常八九，可与人言无二三。如果有人能陪你说说心里话，和你聊聊对这些人生的理解和感悟，或许就是我们想要的如意生活。

许晨星

2023年12月

目 录
CONTENTS

1

CHAPTER

第一章

越清醒越幸运

2

CHAPTER

第二章

给孩子18岁成人礼准备最好的礼物

3
CHAPTER

4
CHAPTER

5
CHAPTER

6
CHAPTER

7
CHAPTER

第七章

我们距离体面养老有多远

8
CHAPTER

第八章

慈善，是剩余财富的最佳归途

后 记

第一章　　CHAPTER **1** >>>>>

越清醒越幸运

>>>>>

国学大师南怀瑾先生曾说："真正的修行不在山上，不在庙里，而在社会中。我们每个人都在修行中生活，也在生活中修行。"

生命本身就是一场浩大的修行，每一段都带着不同的修行任务，日常生活中遇到的人和事也绝非偶然，背后总有隐藏在深处的因，需要被找到、被理解、被纠正和被接纳。红尘并不如歌，而是个道场，我们都是这道场里的修士。

"修行"是我一直信奉的概念。我开始践行这个概念，是在我进入社会之后。因为工作/生活/恋爱的关系，以我自己为圆心不断向外发散，和各种人产生连接。在这个过程中，或主观或被迫，我开始对自己的一些既定思维模式、行为模式做修缮。慢慢地，我成为现在的自己。而我也会继续成长下去，乘着光亮，清醒而坚强。

1. 何其有幸，遇见你们

什么是自己？

日本设计大师山本耀司说："'自己'这个东西是看不见的，撞上一些别的什么东西，反弹回来，才会了解'自己'。"

所以，我首先要感谢的是生命里遇到的你们，是你们让我慢慢收获了我自己。

人生中有很多种遇见。有的遇见是偶然性的，擦肩而过没有下文。有的遇见是片段式的，如同学、室友，一起上下课甚至一起去洗澡，可以是八卦搭子，随时准备为对方的恋爱助攻。残忍的是，不管曾经多么亲密，都将在毕业之后各奔东西。有的遇见是功利性的，如领导上下级、同事等，因为共同在做的项目而集结，也会因为项目结束而分开，没有共同利益的捆绑，再热络的群聊都将冷却。有的遇见是难以总结的，比如爱情，一见钟情还是一念成灰，复杂的况味，当事人必须亲自品尝。

而在这个章节，我想和你们聊的，就是爱情和事业两大场景故事。父权社会为女性提供了一条"最小阻力路径"，是一条"以爱为名"的圈养驯化之路。尽管这两年，女性意识觉醒，女性力量崛起，可千年的思维和行为惯性早已经沉浸在每一个当代女性的血液里。现在的她们似乎生活得更拧巴了！她们执着于爱情，"我这一生都在等待着，只是不知道到底在等谁。"（出自电影《幸福终点站》）她们开始打拼事业，"当你的生活岌岌可危的时候，说明你的工作步入正轨了。当你的个人生活化为乌有时，就说明你要晋升了。"（出自电影《穿普拉达的女王》）

对一个女孩子而言，爱情常常是一种探索，一场关于成长的考验。在这个过程中，她们学着去不断探寻自我、发现内心的力量。

《摩登情爱》里面的故事大多改编自《纽约时报》上一个名为Modern Love（现代爱情）的专栏接收到的普通人投稿，是真正普通人的感情故事，非常生动。其中有个让我印象深刻的故事，主人公是居住在纽约公寓的单身女作家Maggie（麦琪），集才华与美貌于一身，事业顺风顺水，却因为急于摆脱单身而为情所困。她工作之余的全部时间都用来和各种不同的男生约会，希望从中筛选出自己的Mr.Right（白马王子）。

公寓保安Guzmin（古斯曼）是个性格冷漠、眼神毒辣的大叔，把Maggie当女儿一样照顾。每当Maggie跟他聊起相亲对象，他总能一针见血地指出约会男性的各种不足。但是沉迷爱情的女孩子大多会失去理智，Maggie根本听不进去Guzmin的意见。可当Maggie未婚怀孕，慌张无措的时候，Guzmin耐心地陪伴她、安抚她，鼓励她遵从自己内心的选择，不要受身边各种声音的影响。当单身妈妈Maggie重新面临新的工作邀约时，Guzmin鼓励她不要妄自菲薄，背负太多枷锁，要勇敢接受机会，迎接未知生活。后来，Maggie带着孩子和新任丈夫重回纽约看望Guzmin，这次终于收到了来自Guzmin的认可和祝福，因为Guzmin在她的眼睛里第一次看到了幸福和安定的光芒，这光芒来自新任丈夫体贴的关怀和真挚的爱。

Maggie的故事在现实生活中并不鲜见，Guzmin绝对是她的贵人，为她在爱情的选择上提供了珍贵的男性视角。在寻找爱情的路上，我们能看到Maggie的成长：在和各种男性交锋的过程中，逐渐建立对男性的认知，磨炼自己看人的眼光；能够承担爱情的结果而不受世俗规则的束缚，有勇气接纳全新的自己，并用发展的眼光看待自己，不管经历什么，都不会丧失爱人和被爱的能力。

如果说爱情可以帮助女孩子逐渐去触摸并且认识到真实的自己，那么在工作中竞争则可以帮助女孩子挖掘自己的潜力，毕竟经济独立才是人格独立的基础。这里我想分享一个讲述女性职场故事的经典电影《穿普拉达的女王》。

我特别喜欢这电影，电影内容以职场进阶为话题，对初入职场的女孩子来讲很有参考意义。影片讲述一个刚离开校门的女大学生安迪进入了一家顶级时尚杂志社，给一个时尚女魔头当主编助理的故事。高强度的工作、顶头上司的强势压力、同事之间的矛盾、爱情危机等难题纷至沓来，让安迪焦头烂额。但是安迪从自身出发寻找问题的根源，努力改变自己，最终蜕变为一个出色的职场达人与时尚达人。

故事的结局是理想化的happy ending（大圆满结局），我们都知道，现实的职场根本不会有投入和产出成正比的完美稳定关系。抛开结局不谈，办公室政治和生存哲学、职场现实和性别困境、工作家庭失衡后的爱情红灯等议题都值得我们思考。如何在职场环境中快速成长打磨自己？

如何在职场竞争中立于不败之地？如何提升个人附加值？如何获得"米兰达"（电影中主角的上司）们的认可？

而在我和他人的关系中，我一直无意识地发挥着自己"钝感力"的优势。我可能有一种独特的眼光和嗅觉，可以在一群人中快速辨别谁具备小人品质，应该远离；谁和我趣味相投，可以亲近。一旦被我贴上小人的标签之后，我就会自动对这类人群关闭"天线"。他们骂我，我根本就听不见，就算听懂了也不想搭理。后来在《钱氏家训》中，我看到了类似的表达："小人固当远，然亦不可显为仇敌；君子固当亲，亦不可曲为附和。"

我一直在思考自己一路走来的遇见。感谢曾经爱情里互相放弃的我们，让我有了现在的家庭；感谢爱情里的男孩子们教会我那些事；感谢我的爱情旁观者"Guzmin们"；感谢我的竞争对手鞭策我进步；感谢我的团队同事填补了我的短板；感谢我的职场伯乐"米兰达们"。

2. 一路朝圣，遇见自己

法国思想家罗曼·罗兰说："世界上只有一种真正的英

雄主义，那就是认清生活的本质后依然热爱生活。"人生是一场没有终点的修行，我们一路朝圣而去。不是为了遇见别人，而是为了遇见最好的自己。

回顾一路成长，我们完成了一项项修炼，来匹配我们"生而为人"的荣耀。

罗素说："一个人的外表，就是一个人价值的外观。它藏着你自律的生活，还藏着你正在追求的人生。"我们改变发型，追逐美妆流行色，每隔两三年更换衣橱，都是为了去满足相应阶段对外在形象的需求；职业装、休闲装、宴会装、约会装等主题装束更是当代女性衣橱所必备的，缺一不可；我们健身、做瑜伽、减肥减脂塑形，对身体硬件条件进行优化，更是生活自律的表达。修炼外表，是尊重别人，更是取悦自己。

老话说："管好自己的言行，就是极好的修行。"外表的修炼必不可少，但这都属于乍见之欢，想让人生出久处不厌之感，关键还是要修炼自己的言行举止。有的人相处起来会让人觉得很不舒服，有的人却总能让人感到如沐春风。一个人的言行，就是他给别人留下的最好的名片，带着情绪和记忆。

我们修炼脾气，修炼胸怀，为的是做情绪的主人而不是奴隶。面对突发事件，首先去想的应该是解决方案，而不是如何处理焦虑情绪；面对竞争，要学会发现对手的优势和身上的闪光点，并能从对手的经验和案例里学到东西，而不是一味沉浸在竞争的情绪中，盲目地去做一些排他行为；爱情中的矛盾不可避免，要学会分析矛盾背后的原因，学会共情和理解，扯着嗓子争吵或者长期冷战，只会让爱情变成坏情绪的牺牲品。真正厉害的人，可能是把人生调成静音状态的人。

"唯有德者可以其力，唯有人品可立一生。修炼品行，就是在修炼自己一生的风水。"品行修炼是需要一辈子投入的事业。与其八面玲珑，不如本分做人；与其投机取巧，不如踏实做事；与其排挤他人，不如提升自己。不随波逐流，不人云亦云。"出走半生，归来仍是少年"表达的不只是一种心态，更是一种坚守初心的冲动、保留赤子之心的勇气。

人生的使命，不仅在于照看好生活，更在于安顿好灵魂。一个人修行的最高层次，是修炼灵魂。一个精致的灵魂，离不开用心的灌溉和长期的积淀。而灌溉灵魂最好的养料就是读万卷书，行万里路。在不断地阅读中去思考和提升，给心灵领略大千世界、人生百态的充足时间和机会；在行路和经历中去体验和总结，给人生种下不断丰富、不断验证、不断冒险和不断升级的果实。

修炼不是一帆风顺地直线前行，而是一个迂回的过程。风尘仆仆行路所带来的修行受损，需要我们花更多精力去修补。人生后半程，和自己和解是每个人都要面对的课题。

励志小说《跳出猴子思维》的作者是美国作家珍妮弗·香农，她也是美国著名的心理治疗师。而她之所以选择在心理学行业深度钻研，首先是为了解决自己生命中遇到的问题。在她的个人故事中，她说，她本来就是一个对自己要求很高的人，带有一点完美主义倾向。孩子出生后，她想要做个完美的妈妈；哪怕是第一次写作，也希望能有让读者惊艳的表达或者故事，不能让大家失望等。对自我的过度高要求导致她的精神一直处于高压状态，终于不堪重负，触发心理保护机制，以逃避这种压力。结果她在和孩子相处的过程中总会出现一些疏漏，写作的进度也被不停地拖延。最想做好的两件事，反而都不是很顺利。为了解决这个问题，她开始学习心理学。当她放下高期待，把养育孩子当成亲子陪伴成长的生活乐趣，把写作当成向读者分享生活感悟的媒介，专注于享受过程，而不是纠结事情的结果后，她整个人终于走出了焦虑，孩子在健康长大，写作也按时完稿。似乎当初纠结的问题都不存在。

强烈的情绪会使我们盲目抓住任何聊以慰藉的东西。然而真正的解脱，却永远在我们无法企及的地方。"猴子思维"（指焦虑的内心，不停地从思维的一端跳到另一端，从不满足、永不停歇）是我们所有现代焦虑的源泉。进行情绪管理，拒绝焦虑，是我们一直要提醒自己的议题。

不知道大家是否关注过，知乎上有一个很火的问题："走出困局，如何在焦虑中自我和解？"这个问题下，是很多网友个人故事的分享。其中有一位网友的故事平凡普通，但是真实到仿佛就发生在我们身边，仿佛我们自己也有过那样的类似时刻。他分享说，之前他的公司业务繁忙，他把全部时间都放在了客户身上，也把员工视为朝夕相处的家人。由于新冠肺炎疫情，公司逐步走向衰落，业务停摆，随之而来的是之前苦心经营的客户关系离散，以及原来的同事断绝联系。他体会到人情冷暖，在感到失落的同时，决定换种方式生活。他暂停了所有的工作，每天只是跑跑步，和闺女做游戏，和老婆泡茶聊天。这样的生活平淡却充满了真味。当他不再患得患失，才收获了属于自己的真正的生活。

在情绪修炼上，我是有天然优势的。这得益于我的原生家庭。我的父母辈、祖父母辈，生活都非常和谐幸福，亲戚们之间的关系也都很健康、融洽。我一旦做出了决定和选择，就会坚定地执行下去，不受外界因素的影响，保持着极强的目的性和信念感。

情绪稳定和目标明确这两大特质，让我在工作和生活中都非常受益。我的团队伙伴不需要解读我的情绪，不需要担心职场情绪PUA（情感控制），大家都能就事论事，凡事以工作结果优先。而且在工作之外，私交也都很好，生活中遇到了开心事或困难事，都愿意分享出来或彼此帮助。我们不仅是工作上的搭档，更是生活中的朋友。在生活中，我可以跟我的孩子理性对话，即使是在亲子关系的激烈摩擦中。甚至在比较敏感的"爱情观"话题上，我也会跟她们说，爱情可以有，可以尽情去体验和享受，但爱情并不是生活的全部，不要有恋爱脑。

人生，其实就是一场断舍离，没有什么放不下的。日本著名实业家稻盛和夫曾说："人生不是一场物质的盛宴，而是一次灵魂的修炼，使它在谢幕之时比开幕之初更为高尚。"不管是克服焦虑情绪，还是对社会关系的处理，都是对灵魂的一次次试炼。

愿你我都有如斯的勇气，一边放下，一边拥抱。一路朝圣，去遇见那个未知的自己。

第二章

CHAPTER **2** >>>>>

给孩子 18 岁成人礼准备最好的礼物

>>>>>

教育是家庭传承的重要环节。18岁，是孩子们的成人礼。家庭教育也在此时迎来了全新的挑战。

　　作为孩子18年人生的旁观者和参与者，这个时刻的到来值得所有的爸爸妈妈感到欣喜。

　　但同时也会有隐忧升上父母们的心头。步入大学的孩子们，在这一年拥有了自由空间，同时也面临着自我管理、自我成长的人生命题。作为父母，在18年的呕心沥血之后迎来了升级版的教育任务：如何才能帮助孩子顺利完成大学学业？如何引导孩子累积从学校到社会的必备基础素质？如何给予孩子最大的支持，以满足孩子在学业和兴趣上的更高需求？

　　也许，最好的答案不在当下。而我，作为你们的母亲，为了庆祝你们的18岁成人礼，已经悄悄筹备了10年。这份特殊的礼物，期待你们打开。

1. 跨越 10 年，来自时光的礼物

2023年11月6日，一篇名为《创业者，该死吗？》的文章在朋友圈被网友们自发传播起来，阅读量迅速突破10万多。文章主要讲述了一位创业者，创业失败后不仅失去了经营12年的事业，还背负了几千万投资款的回购债务，被限制高消费，甚至个人医保卡也被申请执行划扣和冻结……但经济上的困难并不是她创业失败要承担的全部代价，精神上的打击使她被确诊为抑郁症。丈夫作为贷款担保人，因为无法偿还贷款，也受到牵连被迫重新找工作。这篇文章迅速引发了大家对创业者及其关联人群的关注，引发了对创业困局的广泛思考。

现实中，很多创业者认识不够，在家庭资产和公司资产之间没有建立防火墙。常常为了补充公司现金流，而将家里全部资金投入公司中。一旦创业失败，家庭成员受到牵连，不仅会失去正常生活，还会影响孩子的教育规划，导致未来成长路径被迫发生偏移。

这样的事例近两年不胜枚举。2023年8月，媒体报道

了一位创业者因创业失败被迫从北京回到大连的故事。这位创业者原本资产上亿，在北京拥有别墅，在海外还有数套房产，妻子全职在家，两个孩子在国际学校就读。但是，因新冠肺炎疫情，原本进展顺利的创业项目最终破产。由于之前签订了对赌协议，欠下了巨额债务，一家人原有的生活水平面临着巨大挑战。

这种压力一度让他想要离开这个世界，但是回头看看，他能够给家人留下的，竟然只有他购买的一份重疾险的理赔款。两个孩子一年60万的学费支出仍然是家庭悬而未决的难题。无奈之下，他做出了离开北京的决定。而离开北京回到大连，对孩子们来说意味着要重新去适应新的学校、新的同学、新的老师以及新的教学方式，而这显然与之前的生活和教育方式截然不同。孩子们并不想这样，但也无力改变什么。

这样的家庭巨变，看得让人非常心酸。教育规划的无疾而终，在让人唏嘘的同时，也令人警醒。

教育，作为家庭传承的核心要素之一，不可中断，需要根据孩子自身特点，设计求学路径，提前规划教育金，而且要做到专款专用。这样才能最大限度地降低风险，尽可能地避免上述问题的发生。

每个孩子来到这个世界时，家长都带着无限的期许，但在实际的财务安排上，却常常是随遇而安。这些年，我学习了一些家庭财务安全的理念，也尝试着用上述方法论为我的孩子准备教育金。为了让我的孩子能够在任何条件下都能顺利完成大学学业，我从孩子一出生就开始为她们储备专项教育金。我选择的是连续存10年的一张保单。通过10年的累积，20万的现金价值，既能满足基础大学学费的目标，也不存在被挪用的风险。

学费和生活费这两大项费用的解决方案，是我们作为父母为下一代教育做出的最基本规划。

我身边有很多和我一样的父母，出于对家庭未来和孩子未来的考虑，也为了高效率利用资金，会借助保险这个工具。教育金的规划是个非常长期的规划，考虑到要有20多年的长度，很多父母从孩子出生便开始着手教育金的储备和学业规划。甚至，我们会把各种人生偶然和极端情况都考虑进去，用保险产品去规避风险，实现全托底。无论未来遇到什么样的情况，孩子都能有稳定持续的教育金支持，可以完成学业。

方向选对了，产品选对了，存钱也会更加有的放矢。做了父母、承担了家庭的责任就会知道，坚持连续多年存钱这件事在当下的环境有多难。股市变幻莫测，基金阴晴不定，还有各种噱头十足的"大镰刀"一般的非法P2P产品散发着诱人的光芒。亏得连裤衩都不剩，从来都不是一个段子。做投资到最后还能完整收回本金，已经超过了80%的投资者。在复杂的投资环境中，紧紧守住自己的资产，每个父母为了孩子都愿意努力打造自己的火眼金睛。

　　如果孩子想要感谢，除了感谢自己，别忘了一直在你们背后提供后勤支持的父母。他们值得一个大大的拥抱和一句"谢谢"。做你们坚强的后盾，他们从来不是说说而已。

2. 彰显独立，为个人行为买单

　　孩子们，关于你们期待的大学，不管在哪个城市，学校环境如何，专业属于什么领域，都有一个共同点，那就是多年来第一段你们离开父母，完全独立的生活。在那里，你们将独自求学，学习新知识，结交新朋友，体验新世界。甚至于遇到不错的人，谈一段带着梦幻色彩的恋爱。没有束缚，少了限制，阳光和空气都是自由的。因此，你们会格外期待，分外欢喜。

作为妈妈的我，非常认同你们的期待，这也是我曾经的动力和经历，我也曾享受过那一段名叫独立和自由的青春。相信我，我非常乐意给你们更多空间去认知和探索这个世界，尤其是在思维认知、生活、经济这三个方面。弥足珍贵的收获和成长，一定都来自你们自己的体验。所以，我舍得放手，但又免不了心怀惴惴。

虽然我们国家规定，18周岁以上的公民是成年人，具有完全民事行为能力，可以独立进行民事活动。但是，我忍不住要提醒你们，大学与真实社会之间仍然存在着差距。准确而言，大学是进入社会的过渡阶段，也是世界观、人生观、价值观形成的关键时期。突然而来的自由，容易让一部分孩子迷失放纵。尤其是计划到国外上学的孩子，更容易在国外相对开放的生活和更加自由的大学环境里，失去原始学习目标。父母为孩子提供了充足的资金支持，释放了自由的权限，是否能拿到更好的成绩作为回报？是否能看到孩子独立的成长结果？

孩子们，当这份自由的掌控权移交到你们自己手里的时候，你们hold（把握）住吗？

如何找到学习方法，适应好大学的学习节奏，以优秀的成绩完成大学学业？如何安排课余时间，让毕业后的自己比同专业同学更具有竞争力？如何分辨、识别出那些能够长久相处、互相促进的好朋友，而不至于为了不好的关系而伤神？大学期间虽然不挣钱，或者挣钱少，但总归是有了一部分资金的支配权，如何分配好自己手里可支配的资金，让它们花得更有价值，甚至发挥钱生钱的作用？这些都是你们即将面临的现实难题，对你们的自控力、处理关系的能力、你们的财商提出了巨大挑战。

作为教育行业的一名创业者，我为很多的客户及其子女提供过财务规划、教育规划，也在这个过程中认知了太多不同类型的家庭和孩子。针对不同家庭背景、不同性格、不同职业发展规划的孩子，大学生活的安排也是天差地别。

同时，我还是两个孩子的妈妈。我相信孩子的独立能力，也尊重孩子的个人选择。下面的tips（小贴士）是我作为妈妈的爱的唠叨，请孩子们参考，也期待读者能帮忙分享并补充更多。

　　生活安排中一个很重要但是很多人不重视的细节是作息时间，尤其是打游戏的时候，常常因为过于投入而黑白颠倒。这里不是不许你们玩游戏哦。玩游戏的好处和不良影响，早已是争议多年的老话题，5G冲浪的你们绝不会比我知道的少。熬夜会造成免疫系统受损、大脑功能下降、外貌老化等问题，是年轻人健康问题中最常见的杀手。请孩子们无论在哪里，无论做什么，都能遵循生物自然规律，保证充足的睡眠。这条tip是希望你们不管走多远，不管在做什么，都能尽可能照顾好自己，不让父母操心。

　　你们对科研兴趣一般，未来也不计划走专业技术这条职业路线，那么在大学里完成学业目标后的课余生活安排，可以重点加强社交生活，锻炼社交能力，积累社交经验。人是社会性动物，如何识人，是进入社会的必修课。锻炼识人的能力，结交良师益友，远离损友坏友，会终身受益。

　　大学阶段是经济开始独立的预演。孩子们可能没有赚过钱或者赚钱不多，但确实有了一部分金钱可以用来支配。具体来说，升入大学后，孩子们的收入来源于四个方面。

（1）每个月固定的生活费；

（2）亲戚朋友给的红包，金额、频率随机；

（3）外出兼职赚取的工资；

（4）学校年度奖学金。

这些钱并不是一个小数目。一定要养成存钱的习惯，尤其是在当下的经济环境。正所谓"手中有粮，心里不慌"。我们的目标是，在精细规划、合理支配的前提下，让它们发挥出最大的价值。有几个基础方法建议你们尝试。

首先，每月固定花销是生活费，这部分需要精细规划。提前明确自己的需求，做类目拆分，比如美妆类、餐饮类、服装类、电子类等，便于了解各部分消费占比，调控自己的支出。

对于红包等意外收获，最好能以储蓄的方式攒起来，为未来的未知花费储备备用金。这部分金钱的特点是金额/频率不固定，对储蓄类产品的选择就显得比较重要了。

关于兼职所得，可以优先用于社交。"近朱者赤，近墨者黑"说明了和谁交往的重要性。这个过程离不开金钱支出。比如随份子、喝下午茶、小团体聚餐等。社交的过程也是筛选朋友，对认识的人进行分类的过程。这部分支出不要过于苛刻，预算适当宽松一些，也是社交的礼貌。

对于学校奖学金这部分收入，可以优先作为满足心愿清单的经费。奖学金得来不易，那么优秀的你们更需要尊重你们内心的声音，持续为自己充电，为自己加油。比如学项能玩儿的技能，骑马、潜水、冲浪、射击……

不管你们如何分配手里的金钱，在花钱这件事情上，都一定要提防攀比心理。首先，我们要承认，攀比心理是人性的普遍体现，更是一个世界范围内的难题。孩子们之间攀比玩具，家长圈子则攀比孩子们的成绩。社会人攀比收入、房子、车子。人生天地间，活在关系圈，攀比这件事谁又能逃得过呢？

既然如此，攀比也不是猛虎，堵不如疏，要合理顺应人性而非挑战人性。树立正确的金钱观和价值观，将攀比心引导为对美好事物的追求，以及达成目标后的激励。对于一些无意义的攀比，要能分辨，能避免。

大学生活是美好的、自由的。大学阶段的你们，绽放在自己的青春里，如花逢朝露，夜遇星辰。但在沉浸式享受生活的时候，也要有原则有底线，保证自身安全、健康、自由。祝福你们，畅享青春！

常见问题答疑

☆【关于万能保险的认知】

万能险不万能。

其实没有一款保险可以把意外、医疗、疾病和生死这四件事都给你保障好。即使是都能保障好，也是几个险种的叠加。理论上，我们不能要求一个险种既能保障意外风险，又能保障疾病风险，还能返钱。

☆【关于人生第一张保单的建议】

我的建议是先买意外险和报销型的医疗险。

在购买这一类的保单时，我想你大概率刚刚步入社会，还没有成家，只需要对自己的父母负责，也没有什么积蓄，保障体系主要靠社保。

大部分年轻人在这个阶段，围绕的是基础保障和杠杆最大化。因为任何风险发生，拖累的只能是你的父母。而意外险和医疗险都属于保费相对便宜、保额高、杠杆又大的险种，所以可以尽早购买。

第三章

职场打拼的不慌张密码

>>>>>

当我们在讨论家族传承如何影响年轻人职场选择的时候，其实是在讨论不同家庭背景影响下一代就业方式的差异问题。

比如联想创始人柳传志的女儿柳青女士，毕业后选择在高盛实习，然后从高盛亚洲区董事总经理到滴滴总裁，职场轨迹围绕着互联网科技类板块。再比如主持人陈鲁豫，父亲曾是中国国际广播电台斯瓦希里语主持人，母亲曾是孟加拉语主持人，从小在父母的熏陶下，对主持行业充满崇敬和向往，终于也成长为一名优秀的主持人……

家庭对择业的影响是显而易见的。不同家庭背景和不同职业规划的人，对于职场的体验完全不同。具体来说，是在对待工作的态度和获取工作的途径上存在巨大差异。总结来看，当代年轻人获得工作的方式主要有三种：继承、选择和寻找。

1. 全民焦虑，就业危机凸显

在我考大学和找工作的时代，大概是20年前，大家对高考志愿填报和职业规划的关注度远不像现在这样高。那时候互联网还不发达，全国各大学的信息也不互通互联，绝大部分学生都是蒙着头报志愿。没有职业规划的理念，更不存在职业规划师这种知识型人才。那时候的绝大部分家庭和学生都是这样一种情况：拼命努力备战高考，却在报志愿环节深陷迷茫，对于未来就业方向的选择更是狭窄的。不像今天，每年高考/四六级考试/考研/考公等，几乎都是全民关注的重大事件，各种社交网站都会有专题帖甚至热搜的讨论。

跨越20年，巨大转变的背后，是社会环境与全民心态的大跃进。

2000年，我国高校毕业生只有95万人；

2021年，我国高校毕业生人数已高达909万人，增长了快10倍；

2022年，我国高校毕业生突破1000万，达到1076万人；

2023年，我国高校毕业生人数又进一步增长，高达1158万人；

2024年，我国高校毕业生人数预计将达到创纪录的1179万人。

国内高校毕业生的数量从2000年的不到百万剧增到2023年的1158万。从每年毕业生的数量变化就能感受到，初入职场的新一代年轻人面临的就业压力也呈倍数级上升。尤其是近几年，整体经济形势下行和新冠肺炎疫情反复的双重打击，导致就业形势更加严峻。当下职场环境的恶化、就业竞争的巨大压力，年轻人＝"焦虑人"的社会现象，已经是一个不争的事实。

对应届生而言，职场准入门槛变高；对有一定工作经验的职场人而言，职场晋升通道相应收窄，且一专多能的人才需求越来越普遍；对于中高层职场精英来说，高薪跳槽、跨界转行、个人创业等机会都在缩减，反而容易被贴上职场高危人群的标签。"因年龄超过35岁被裁员""40岁待业在家再也找不到工作"都不再新鲜。尤其是2023年大厂裁员潮：字节VR业务Pico裁员23%，通信巨头爱立信被曝裁掉整个广州研发团队，谷歌2023年9月—12月已经进行了五轮裁员，亚马逊游戏、音乐等多部门裁员，就业形势的严峻已经让每一位职场人都或多或少感受到。在自媒体端口，关于职场、就业，不断有新的名词被创造出来。因为没有找到满意工作而决定支教、旅游或者考研的"慢就业"，没有固定工作的"灵活用工"，自己不工作靠着父母养老金生活的"全职儿女"等，无不体现出当代年轻人面对当下就业环境时的自嘲心态和躺平姿态。

"就业出口"竞争加剧的时候，内卷向上游蔓延。人们考虑从高考志愿填报开始谨慎挑选大学专业，以便提前为将来的就业做好铺垫和布局。

所以，以名师张雪峰为代表的高考志愿填报咨询师受到市场的追捧并不是偶然。他们满足的是当下的市场需求，也间接承担了大家对于职业焦虑的情绪出口。很多我们都觉得"惊为天人"的言论背后，是张雪峰用自己的专业知识，打破了志愿填报和大学专业的信息差，让普通人有渠道了解到不同专业的区别以及对就业的影响。

焦虑之下，大家迫切地想要拿到一个具有稳定性的答案。

但是，我们都知道，稳定永远是相对的。变化，才是永远不变的。

2. 生而不同，择业路径迥异

面对如此残酷的就业环境，不同家庭背景的人，对就业的体验完全不同。这背后恰好反映了一个职场真相：作为价值交换和资源变现的场所，职场天然就是不平等的。"带资进组"和"待资进组"，一字之差，意义却千差万别。

我们在讨论家族传承如何影响年轻人职业成长的时候，其实是在讨论不同家庭背景带给下一代职业选择的视野和倾向性差异。具体来说，是对待工作的态度和获取工作的方式。

从我个人看到和服务过的众多客户案例分析来看，可以根据家庭背景的差异把现代年轻人分为3类，而在这3类背后对应着3种找工作的方式，分别是继承、选择和寻找。

一般来说，称得上"大家族"的家庭一般都有着庞大的资产、丰富的产业布局。身为大家族后代的年轻人，所谓的职场路径基本上是以培养家族生意接班人为目标，围绕着家族产业去定向培养的。具体来说就是先深入产业一线了解家族生意，一段时间后逐步回归管理层，最终接手家族生意，拓展商业版图，实现家族生意的传承。在这种思路下，相当一部分的大家族后代年轻人，往往还没毕业就已经被安排好了毕业后的去向。所以这样的工作机会可以简单归类为"继承"。

还有一部分的家族后代年轻人则以家族资源和实力为跳板，在大家族的关系圈层里寻找自己更喜欢或更适合的方向及岗位，或者以个人兴趣为导向去创业。他们职场的起落曲线也不是一般人可以想象的。

对于有点资产但不多的中产家庭而言，没有丰富的产业和稳定赚钱的生意可供孩子继承，没有资源支持孩子从0到1创业。家庭能够提供给子女的最大支持就是父辈积累的资金。对于这部分年轻人来说，以家庭支持的资金为基础，可以有机会体验和尝试感兴趣的工作，并从中选择自己喜欢的。他们大多没有生活压力，也无须为了短期利益去做违心的选择。他们的职场经历更多的是不同项目的创业、组建团队，而不是在求职市场上被动选择。

对于无资源、无背景、无资金的普通家庭出身的年轻人来说，在没有过人天赋、资源、人脉加持的情况下，工作主要靠刷各种求职软件，如BOSS直聘、猎聘、智联招聘等获取。相信每个人在求职期都免不了在这些软件中间横跳，希望能尽快找到适合自己的工作。这种方式的核心就是寻找。寻找能接受自己的、适合自己的、符合自己期待的工作，不过往往会因为短期利益而被迫做选择。毕竟普通人的生活里都要考虑开门七件事"柴米油盐酱醋茶"，尤其对于"飘"一族而言，没有根基的迫切感让他们刻骨铭心。

3. 规避风险，为孩子未来赋能

大多数人的职场发展会经历3个阶段，不同阶段对应的目标不同。

（1）对于初入职场的小白，工作目标是先找到工作，能挣钱养活自己，练就独立生存能力。这个阶段的求职者大多是被动的，等待被选择。公司实力、员工福利这些附加内容都不在考虑前列，通勤时间长一点、加班频率高一点都是可以忍受的。新晋职场人就做一只尽职的牧羊犬。团队合作里就扮演好勤劳的小蜜蜂，多做事多锻炼。面对领导或者职场前辈的批评指正，要做一条坚韧执着的鲇鱼，要虚心和耐心。这个阶段的成长目标就是"独立"。

（2）工作了一段时间，积累了一定工作经验之后，目标是深度聚焦能够养活自己的行当。用10年时间深耕，逐步脱颖而出，并打造自己的壁垒。这个阶段的职场人既要做目标远大的鸿雁，又要做脚踏实地的大象。准确的方向和实力的累积缺一不可。这个阶段的成长目标是"职场里不可替代的团队C位（核心）"。

（3）工作多年后，步入了事业定型期，尽最大努力把握机会，成为行业Top 10（前10）。勇敢的狮子，最适合用来形容这个阶段的职场人。因为他们很清楚，他们的成长目标是"跃迁"。

不过，上面只是把我几十年的职业生涯简化描述。现实的情况往往充满了意外和曲折。毕竟能找到适合自己的或者自己喜欢的事业，一向都是小概率事件。边尝试边摸索边体悟才是大多数人的工作常态。

在职场中，为了生存下去，每个人都要找到自己的职场定位。尽管如此，在长达几十年的职业生涯中，大概率还是会经历诸如裁员、赛道切换、创业等事件。再遇上经济下行，各种不确定性事件发生的概率会大大提高。

我一直在思考的是，稍有一些资产的家庭，可以为子女提前做些什么？即便不能给他们提供一个具有超强竞争力的职场起点，也不能保障他们的职场一路平坦，但是不是能利用一些杠杆尽力为他们赋能，稍稍缓解一下职场未来可能面对的艰难？

有人提出给子女安排工作。这样的做法是最直接的。但现实是，普通家庭给孩子提供的职场规划的作用是有限的。那些能够在某一领域为孩子安排工作、搭桥铺路，并持续为孩子提供助力的家庭，显然都不能算作一般普通家庭。这背后需要在某一个行业或者某一个领域有数十年的积淀，并且取得不错的成就，且当下仍然有着不错的行业地位，要么是话语权还在，要么是人脉资源还在。

据我观察，凡是曾经试图给孩子提前设计好职业发展路线的家长，也不是就完全高枕无忧了。家长的安排和孩子个人喜好/个人能力的匹配度差异问题，是屡见不鲜的。往往是家长一番苦心安排，最终却不被孩子接受，因此造成亲子关系紧张。此外，即使主观上都很圆满，客观变化也是不容易避免的。世界变化太快，未来社会是"AI+"的时代，新技术会带来新的工作机会，与其为孩子铺设好道路，不如尊重孩子的意愿，给孩子支持，让孩子有选择的权利和底气。

所以，相较于家长大包大揽的安排，我更建议家长从尊重孩子意愿的角度出发，有针对性地施以援手，做孩子生活的助手，而不是管理者。家长提供的恰好是孩子需要的，才是理想的状态。

我们这一代父母赶上了创造财富的好时光，完全有条件为子女提前规划资金支持，让后代年轻人在面临职场选择的时候更加游刃有余。毕竟，初入职场就能找到一生所爱的职业，几乎是一种太过理想的个人期待。职业生涯的选择大概率都需要经历波折和变化，需要在一次次选择的叠加上，去不断突破和寻找自己。我们会逐渐意识到，这是一个现实的世界，职场更是一个严格遵循丛林法则的小社会，活着意味着一切，活得好是无限追求。

我曾经在孩子们七八岁的时候，做生意偶然多赚了30万。当时我想，反正是多赚的，不如买个包奖励一下自己。可转念又一想，一款爱马仕也不能使我快乐几天，不如把这钱给她们两个一人15万趸交一张增额寿险吧。

这15万经过时间的加工，到她们大学快毕业的时候，大概也就增值到20来万。20万能干点什么呢？

她们可以用这笔钱买台车。大学阶段，她们可以在假期跟同学们开车出去玩，这是件挺拉风的事情。上班后，可以每天开车上下班，作为一个初入职场的新人，也是一种心里的底气。同时，养车本身会变成一种经济负担，激励着年轻人去努力奋斗。

不过现在无人驾驶马上普及，年轻人对车的需求肯定跟我们年轻时不太一样了，如果不买车，这笔钱也可以是毕业后2年的基础生活费，让她们每个月有饭吃有房子住，不至于为了短期的利益选择自己不喜欢的工作，减少身不由己和迫不得已。基础保障没问题了，孩子可以无压力地自由选择、自主发展。如果是职场切换新赛道，那这笔钱就是没有收入时的生活费。我见过很多人在职场切换时都过得很窘迫，因为面临新的行业和领域，需要时间来积累经验，收入自然也有一个爬坡期，但是一开始的3个月到6个月几乎都没有收入。这笔钱就是给她们的保障。

或者，这笔钱可以是她们毕业后的启动资金，第一份工作就是为自己的兴趣买单，为自己赚钱。如果事业稳定，那就是日常资金的补充。她们可以拿这笔钱去社交，打造自己的事业圈；也可以拿这笔钱去丰富自己的生活，去延展自己的兴趣爱好；甚至可以把这笔钱转化为自己的公益资金，去帮助其他需要的人。

各种各样的情况都需要考虑到，以避免人在穷的时候走极端，价值观出现扭曲，做出违规或者违法的事情。

4. 管理好你的人生欲望

德国哲学家康德说："假如我们像动物一样，听从欲望、逃避痛苦，我们并不是真的自由，因为我们成了欲望和冲动的奴隶，我们不是在选择，而是在服从。"把欲望管理好，是我们每个人一生的必修课。

欲望是一把双刃剑，用好了就是成就人的利器。把欲望转化为动力，人家有车，我想要；人家有房，我想要。就是因为有那么多我想要的东西，所以我才努力奋斗。我看到很多被欲望奴役，导致人生方向偏移的孩子，最后什么都没有得到。这是因为家庭的底层价值观没有构建好。好的父母会为子女建立强内核，让他们从小就学会分辨对与错，尤其是金钱观的建设。比如父母有储蓄的习惯，做长期的规划，让子女从小就对钱有规划。尤其是家庭贫困的孩子，更要时刻守住本心，避免在"变成有钱人"的欲望刺激下，成为欲望的奴隶。

做销售是一个初入职场时挺好的选择，也是一个没办法的选择。但是做销售并不是盲目选择。自己是否对要销售的产品所在的行业进行过研究和评判？未来发展趋势如何？个人能力是否可以得到提升？项目成功了，到底是因为品牌影响力，还是因为个人能力？学会借势，学会看政策也是一项很重要的能力。

做自己能看得懂的事情，这是为了保护自己。常见的金融行业的销售，如果自己都看不懂产品，并且该产品拥有超高的收益率，那么这里面可能就有很大的坑。有不少学生因为这个吃过亏，甚至遭受牢狱之灾。2019年，郑州警方破获了一起专门招聘刚毕业的大学生做员工，诱导他们进行诈骗的案件。这家公司打着"高薪"旗号，以网络科技公司的名称欺骗了众多学生。实际业务竟然是以推广"聚金沅"App为由进行诈骗。一些刚毕业的大学生，因为自己的懵懂无知而做了诈骗犯的帮手，最后也被警方带走刑事拘留。

职场是一个大染缸，希望所有人都能洁身自好，又赚得盆满钵满。

第四章　CHAPTER **4** >>>>>

爱情是女人一生的必修课

>>>>>

"恋爱就像拼图，挑来挑去还是拼不上。说不定我的拼图里，不存在恋爱或者结婚。"这句台词出自我个人很喜欢的日剧《我无法恋爱的理由》，戳破了恋爱的实质和当代年轻人的恋爱困境。

我鼓励我的孩子们大胆去爱，去体验。但是结婚并不是一个必选项！

1. 享受爱情，无论婚姻

2001年民谣组合水木年华的首张音乐专辑《一生有你》里面收录了一首歌，名字叫作《中学时代》，他们在里面写道"爱是什么，我还不知道"。这一句歌词唱出了年轻人对爱情的迷茫和困惑，跨越二十年，这一声爱的问号依然悬在年轻人心里。

爱情是时代永恒的命题，每一个人都是这个命题的协作者。区别于以结婚为目的的传统恋爱关系，各种新型恋爱关系开始风靡，包括线上情侣、虚拟恋人、AA制恋爱、快餐式恋爱、开放式关系等。每一届年轻人都交出了自己的答案。

作为Z世代（**新时代人群**）的你们，多谈几段恋爱吧！这可不是开玩笑的话语，是作为妈妈的我给你们的真心建议。

首先声明，妈妈并不是鼓励你们去做"渣女"，只是希望你们未来感情生活更加顺利，婚姻生活越来越幸福，而这个建议正是希望你们可以在多段恋爱中收获恋爱经验，学会在亲密关系中与异性相处，学会认人识人，锤炼一双感情中的火眼金睛。

现在的时代和我们所处的时代有很大不同，刻板的说教已经不是这个时代的年轻人可以接受的沟通方式了。何况，你们身处这个信息发达的时代，也许懂的道理比我更多，而我略微丰富一些的生活经验你们也不一定受用。

不过，即使知道了很多的道理，若缺乏亲身经历、体验、感悟，依然很难过好自己的一生。在实际生活中，面对每一个影响自身问题的时候，情绪情感带来的强烈冲动很难让你愿意信服自己所知道的那些道理，从而无法及时启动理智模式。因为那些道理对你们来说未经验证，只是别人总结出的金句，缺乏切身体验和自身体悟，有待认知的升级和加强。

既然这样，不如在这里向你们分享一下我的内心想法以及一些经过实践检验的逻辑和处事原则。毕竟你们终将探索总结出自己的方式，并依循它们过完自己的一生。

现在的孩子已经被信息覆盖，各种内容铺天盖地。以抖音为代表的流媒体平台，充斥着各种关于爱情、恋人的内容，在价值观/情感观导向上不一而足。年龄小的孩子更容易因为缺乏评判能力而照单全收。长此以往的结果便是，孩子们的爱情观受到影响，甚至会把短视频里为了赚取流量而设计的内容视为真实的现实场景，乃至盲目模仿，造成难以挽回的后果。另外，孩子们还有可能把短视频里传达的价值观念纳入自己的观念体系，造成感情上的误判。

这是作为父母的我们最不愿意看到的，孩子们的身心健康是我们最关心的。

所以，妈妈建议你们，在大学阶段不妨尝试多谈几段恋爱，多接触一些真实的社会情景和不同类型的异性。希望你们在积累恋爱经验的过程中，谈一段高质量的恋爱。

所谓高质量的恋爱，意味着你们双方是独立平等的，有个人空间的，有共同的目标且能携手为之努力的，认知水平和价值观念彼此相近，容易沟通交流的，并且能够不断磨合，取长补短，共同进步。

谈一段高质量的恋爱，首先要靠运气和缘分，再者就是恋爱的双方是否愿意一起去经营一段关系。在关系的经营中，有很多基础素质需要你们提前培养。作为过来人，我分享一点个人经验以及观察所得，供你们参考。

认识男性，学会跟他们相处，绝对称得上是一门有专业度的课程。两性之间的差异是天然的，要认识并尊重这种差异。知道男性的思维方式、看待事物的方式、习惯和人的沟通方式等。这样在与异性沟通交流甚至是建立亲密关系时，能够做好自己的角色定位并建立舒适得体的互动模式。

或许一段恋爱结束，不能让你明白你想要的是什么，但是总能让你认识到自己不想要的是什么，无法忍受的是什么，底线在哪里。了解自己最看重的是什么方面，哪些方面是爱情可以包容的，而哪些方面不行。每次的恋爱都是一次试炼，试炼你的同时也在试炼对方，看看你们到底能不能够彼此磨合走到最后。恋爱中男女双方对彼此的充分认知是十分有必要的。若是走入婚姻后，才发现对方不适合自己，生活因此变得一塌糊涂。这种体验成本太高，妈妈不希望你们有这种伤痕累累的刻骨铭心的人生经历。

在与一位异性长期相处的过程中，孩子们学到的不仅是与异性的相处模式，换位思考能力也会得到锻炼。这样的能力在职场环境、社交场景都是非常受欢迎的，能够在很短时间内积累周围人好感并打开陌生的局面。这就是我们常常说的情商高。人是社会性动物，越是成长，越会知道情商高的人在社会竞争中是多么能占据优势。

从经济学角度看，年轻的时候容错率高，年轻就是资本，经得起几段失败恋爱的打磨。每一段恋爱经验都是对自身情感模式的教学和调整。

关于孩子谈恋爱，很多家长们都有一个误区，认为这个事情是到了一定年龄自然就会的事情。所以才会出现上学期间不让谈恋爱，一毕业就催婚的普遍现象。实际上，这样的观念和做法是不切实际的。否则怎么会有那么多的大学生在面对异性时，不知道如何沟通，只能借助自媒体平台求助。似乎网络时代的孩子们都更习惯网友角色和网恋模式，一旦进入现实就难逃"见光死"的结局。

同为父母，我们无法保护孩子们一辈子，不过可以在她接触、体验世界的过程中，提供保护措施，帮助他们建立起保护自己的方法和经验。

对于我的女儿们来说，我希望她们可以好好享受青春时期的恋爱。大胆尝试"胳膊肘效应"和"吊桥效应"，去捕捉心动的感觉。除了上面提到的保单可以拿出部分用于恋爱之外，我的信托里，还为她们准备了部分恋爱经费。女孩子要富养，女孩子的恋爱要底气十足地谈。

2. 婚前谈钱，理智说爱

子女的婚姻对家庭来说一直都是一件大事。我们关注它，被它牵动心弦，我们在意孩子们的婚姻是否顺利。孩子们，关于结婚，我想和你们说的是：和对的人结婚，把钱安排好。

恋爱和婚姻还是不一样的。考虑到结婚后的生活，我希望我未来的女婿和你是三观契合的，他的家庭和我们的家庭是门当户对的。

三观就是世界观、人生观、价值观。比如都是经商，双方可以是不同行业，但因为都处在关联的大领域，两个人之间虽然有差异，仍然有商业、财经等众多共同话题。如果一个经商，一个从政或者搞学术，对世界的认知和对事情的价值判断就会出现较大的差异。这种差异如果落在天天一起生活的人身上，也许更加痛苦。

只有三观一致，才能携手走得更远。这个原则估计是父母们都能认同的观点。

门当户对，是超越了东西方文化界限的全球通用的结亲标准，很传统但又很实际。父母都不希望自己的孩子结婚以后过苦日子，尤其是女孩子委屈自己下嫁。父母都希望自己的下一代比自己更强。即使遇到了问题，处于同一收入水平的家庭，对问题的看法也容易协调一致，也有一定的实力去解决问题。门当户对，才有可能实现"1+1>2"。

如何把钱安排好？我认为这件事最好分为婚前和婚后两个阶段。

婚前双方可以就"钱"这个话题进行沟通和交流。

我知道，一定会有很多心地纯良的女孩子在婚前不愿意或者不忍心，甚至是不好意思跟很爱的男孩子谈钱。即便父母再三叮嘱，也会犹豫、纠结，或者觉得没必要，因为"他是爱我的"。现实中常常出现的一个现象是，女方一旦谈钱，会被男方贴上拜金、目的不纯的标签，会被认为不尊重男方的自尊心。

我想跟所有的女孩子说，如果你们因为婚前谈钱而被贴上了上述标签，那么请谨慎考虑是否还要继续跟对方走入一段婚姻关系，并把你们的生命牢牢绑定在一起。

大家对婚前谈钱的误区太大，甚至很多人会偏执地认为，婚前谈钱是明显没想要过到一起去，是在筹划如何得到男方/女方的钱，居心叵测。或者说，还没结婚就在考虑离婚时的个人利益，显得很不真诚。

事实上，婚前谈钱，才是理智成熟的，是出于对双方共同的保护，尤其是对于"恋爱脑"体质的男孩子和女孩子来说。婚前谈钱有以下几点好处。

第一，可以提前了解双方的金钱观和消费态度。比如关于存钱/储蓄、花钱的看法。婚后很多家庭的矛盾焦点都是因为消费观不同而产生的。女孩子觉得好看，喜欢就买了；可是在男孩子看来，不实用，性价比不高。双方相互指责，一个说对方花钱如流水，不知道计划着过日子；另一个说对方婚前大方，婚后大变样，暴露出了本来面目。长此以往，矛盾升级，最后迫不得已分开。

第二，婚前谈钱有利于了解对方的财务状况，避免因对方故意隐瞒、蒙骗，掉入债务的火坑。许多人将结婚作为摆脱债务的方式，把债务以婚姻的方式合情合理地转移到另一半的头上。谁能忍受自己辛苦养大的孩子，变成别人的"背锅侠"？所以，我们在一开始就要尽可能地避免发生这样的情况。

我们带着白头偕老的美好愿望走到一起，并为之而努力。只有提前规避风险，才是将这个美好愿望贯彻到底的负责任的方式。不过，影响婚姻的因素太多了。一旦双方决定分开，最好能够和平分手，不要因为财产纠纷而大打出手。当初组建家庭双方各自带来的，分开的时候还能够带回去，这是最好的情况。

所以，婚前谈钱是双方为了走到一起、走得更远而一起做的努力。不必有什么心理负担。

在婚前的财产规划中，房产是最受关注的。因为房产金额大，其资产价值可能占到家庭总财产的一半以上。为了避免风险，双方在婚前可以把各自的房产产权分清楚。

接下来就是彩礼、嫁妆。这两个都是父母作为长辈，给子女带到小家庭的，作为支持小家庭开始新生活的启动资金。如果两个人感情好，那就可以放在一起花。如果两个人感情不好，那就可以拿走各自的，谁也别占谁便宜。

除了这些，我强烈建议，婚前都了解一下对方及对方父母的保险情况，是否有医疗保险等一些基础的保障。生病既然无法避免，那我们就应该想方设法把这件事对我们的影响降到最小、最低。父母年龄越来越大，有保险覆盖的家庭，遇到大病重疾可以花更少的钱获得更好的医疗条件，既能够帮助父母康复，也能够减少对小家庭的拖累。医疗险提供住院时的报销，重疾险作为收入损失的重要补充，我个人建议双方父母最好都要有。

结婚以后，钱如何安排也是一个需要讨论的重要问题。

刚结婚的时候，双方对钱的安排基本处于共同摸索的阶段。不少人想象的婚后生活是，男方工资全部上缴，由女方管理家中的一切花销。我见过一些感情比较好的夫妻，婚后的钱都是混在一起的。而且真正好的家庭，钱确实不分你我。因为双方需求点一致，确实没有时刻分清彼此的必要。

也有一些人提出设立家庭公共账户的方案，双方各自拿出一部分钱放在里面，满足家庭花销，其他的钱各自留着。无论使用哪种管钱的方法，在我的认知中，没有任何的账户可以不被混用。因为钱一旦放到一起花费，最多两年，就如同一锅粥，已经分不清彼此了。毕竟生活不是做算数题，一道题一道题泾渭分明。生活更像一个调色盘，各自带着丰富的色彩加入，日常生活就是在调色盘里互相混色的过程。

而且，作为女孩子的家长，如果自己的女儿运气不好，遇到了一个"渣男"，出现了不好的结果，在这样的方案下，总不至于在感情破裂之后还要赔上房产这样的重资产，毕竟这是很多家庭的半生积蓄。

明智的家长会提前做好这些安排，这不是在违背人性，而是在顺应人性、保护人性。最重要的是，不是你赚的你花，我赚的我花，而是两个人赚的钱要放在一起，为这个家庭共同付出和努力。

婚后生活的一大特征是琐碎。每天开门7件事，柴米油盐酱醋茶。而且婚后的争吵，都是由于一些琐碎的事情引起的。比如上完厕所不盖马桶盖儿，袜子总是乱扔等。所以，婚后的生活真的很磨炼人。如果这个时候还缺钱，那真的是贫贱夫妻百事哀。

婚后幸福生活需要两个支撑，一个是三观一致，另一个是有一定的经济实力，不为日常生活的琐碎牵绊，也能够应对突发事件。双方只有相互包容，互为对方着想，生活才会越来越好。（关于家庭理财的部分，具体请翻至第六章第四节。）

3. 婚姻自由，独美也好

前面虽然谈了很多关于结婚的内容，不过我也知道，在当代社会，无论是恋爱还是结婚，都是人生的选择题，而非必答题。

随着经济的发展、时代的进步，尤其是女性意识和自我价值的觉醒，女性从男性话语权中重新走出来，更加追求独立和个人价值。这就使得从前对婚姻有着高度依赖的女性群体，选择单身或者晚婚的人数比例逐步上涨。

统计资料显示，1990年30—40岁的女性中，未婚女性占比0.9%；2020年这一数字的比例大约是11%，是30年前的12倍。在2022年度，我国的大龄单身未婚女性人数已经达到3800万，大龄单身男性将近3900万，中国大龄单身人数突破7000万人口，并且呈现持续上升的趋势。

这一串数字背后反映的是作为我国婚恋市场主力军的年轻人，俨然已经陷入了不同程度的婚恋焦虑。

老话说，世界上没有完美的个体，自然也不会有真正完美的恋人，总有一天需要向年龄和家庭妥协。但我认为个人实现的意义要远大于结婚生子这种由世俗赋予我们的目标。人生只有一次，去做自己喜欢的事情才是有价值的。所以，女儿们的婚姻，一切随她们，我尊重她们的选择。

想结婚，没遇到合适的，那就慢慢遇。不能委曲求全，更不能自降身价。不想结婚，那就不结婚。

如果决定不结婚，或者没找到适合结婚的人，我会建议女儿们提前筹划自己的养老问题，以保证未来即使是一个人，也能过上精彩的生活。

独美是一个不错的答案，但独美需要很多保障。

我将继续扮演好妈妈的角色，一如既往地对她们付出无条件的爱和关心，并且决不会以某些条件强制她们结婚。

　　（关于单身女性如何规划养老生活，可翻阅至第七章。）

妈妈的喜悦与责任

>>>>>

"当女人成了母亲，花便成了树。"这是我听过关于一个女人身份转换的最美好描述，诗意而又浪漫。怀胎十月，骨开十指，其中的辛苦就像花瓣零落碾而成泥，化为滋养着树的原始养分。

　　随着新生儿的一声啼哭，孩子，恭喜你圆满完成了孕育的过程，一个新的生命将要在你的呵护下慢慢长大，TA会唤你为"妈妈"。自此，你的人生也已迈入了新阶段。于我们整个家庭而言，我们携手步入了第三代传承。

　　英国小说家狄更斯说："慈母的心灵早在怀孕的时候就同婴儿交织在一起了。""妈妈"这个词，被无数赞美之词供养，但也承担着一份沉甸甸的责任。

1.满满的爱为你包裹十足的安全感

　　想象一下，当年怀抱里的"小小只"，转眼间也成为妈妈，我则晋升为姥姥。让人大叹生命神奇的同时，又觉得很温暖，也忍不住感动，感慨时间过得好快。生命的存续、家族的传承，以新生代宝宝的降生而体现得淋漓尽致。

孩子，看着你适应新手妈妈的角色，我的思绪也不禁被拉回到当年。当年，我也是这般笨拙而又紧张，而你是躺在我臂弯里娇嫩脆弱的小宝贝。我现在都还记得，你的到来为这个家庭带来的激动、喜悦和变化。爸爸妈妈会时时刻刻围绕着你，想着你，想要在能力范围内给你最好的，小心翼翼地关注着你的健康，呵护着你成长的每一步。作为父母，我们承担起家庭保障的责任，用力量和爱保护着你。

在你外出求学时，我们曾反复向你唠叨要注意个人健康与安全。其中的苦心，在你成为妈妈后，也应该能够理解了。每一个宝宝的降临，都会强化家庭生活的核心需求之一——家人健康。

成为妈妈，自然就有了责任感。你们知道吗？我的第一份高额的重疾险保单，就是在你们出生后给自己买的。很多家长有了宝宝之后，立刻想到要给孩子买保险，其实我们忘了，自己才是孩子最好的保险。只有大人好，才能为他们搭建美好的未来。所以，女儿，我很理解你们初为人母的心情，但这种情况下，更要时刻照顾好自己。其次，才是考虑孩子们的保障。

回想当初，你们出生满28天后，我为你们购买能够抵御疾病给个人和家庭带来风险的保单。你们小小的身体依偎在我的掌心，让我看到了生命的柔软和脆弱。对于这个世界来说，你们要适应的东西太多，而你们每天都那么努力地成长着，我不允许自己在你们遭遇不可抗力时，只能静静等待命运的无情宣判而束手无策。所以，基础性的保障，我都要为你们保障全。可能全天下做母亲的心情都是一样的，以赤子之心安排对抗着一切风险。事实也证明，我当年做出的这个决定有多么明智。这些年，我眼睁睁看着医疗费用整体上涨，无论是门诊、吃药，还是住院、手术，价格都越来越高，医疗通胀现象越来越严峻。医疗险帮你们对抗医疗通胀，重疾险能帮助你们在绝境中留有余地。

从我的经验出发，我建议在给婴儿做规划的时候，重点考虑几个方面。首先是医疗。小宝宝脱离母体大概6—8个月后，由于免疫力的问题，就开始容易生病了，这个时候，医院是我们常去的地方。一份医疗险，可以解决很多就医的费用报销问题。如果有私立医院的就医习惯，高端医疗是不错的选择。毕竟孩子生病考验的是大人，而公立医院的就医体验会让你崩溃。

其次是重疾保障，儿童患病率比较高的是少儿白血病。在我服务过的客户当中，少儿白血病的理赔占比是比较高的，而且花费也是普通家庭不能承受的。这个时候给孩子配置重疾险，是价格最便宜的时间。所以很多家长在孩子一出生就为孩子配置了，但是很多重疾险是保障终身的，考虑到未来几十年的通货膨胀，所以重疾险的额度可以适当地做高配。当然，这是个循序渐进的过程，保险公司的险种也是不断升级的，在未来的养育过程中，可以适当做加保。

另外，此时也是规划教育金的好时机，新生儿的降生，来自各个长辈的红包，不仅是祝福，也是期许，把红包变成一份固定的教育金储蓄，这就是每个孩子未来的底气。

此外，妈妈还要提醒你的是，很多女孩子有了宝宝以后，都会有一段做全职家庭主妇的经历。而我们基本都有这样的共识：在家庭中，尤其是女方，婚后全职在家，没有收入来源。虽然承担了绝大部分的家庭工作，但是心理上终究觉得低人一等。赚钱的一方总是牢牢掌握着话语权，这已经是家庭关系里一种心照不宣的规则。

别怕，妈妈早就给你们备下了一张年金险保单，你可以把这份保单作为自己全职在家期间的生活费，每个月都有固定的收入。再加上我在信托里为你们准备的生育津贴，不管妈妈在与不在，可以保证产后做个好月子，安心居家休息。把身体恢复好，把宝宝照顾好。

如果你想出来工作，随时可以。如果不想出来找工作，那这份保单就是你的一份收入，这样就不用看人脸色了。父母为子女计，总是要计长远。虽然你们进入了新的家庭，收获了新的身份，但你们永远都是父母心头的宝贝。

2. 没有规划的人生叫拼图，有规划的人生叫蓝图

2019年，世界首富比尔·盖茨推荐的书单中有这样一本书《准备》。这本书的作者是美国萨米特公立学校的联合创始者和首席执行官黛安娜·塔文纳。这所学校毕业生的大学录取率达到了98%，连续多年被评为"全美最佳高中"。这个学校最大的特点是采用PBL（Problem-Based

Learning，基于项目式学习）学习方式，也就是项目制学习。所有的项目都是基于生活中的问题开展，学生从自身兴趣出发，找到关联点。老师只是从旁提问，帮助学生认识到自己的好奇心、兴趣点和能力特长。其间老师不会直接教授孩子们应该怎么学怎么做，而是注重引导和协助。通俗点说，就是摒弃了各科传统填鸭式学习，采用以兴趣为主导的学习方式。

这样因材施教的教育方式，是自孔子开始流传千年的教育传统在大洋彼岸开花的结果。我非常认同这本书的教育理念和教育方式，并且有意识地按照这本书的理念，对孩子们进行教育规划和日常教育。

接下来，我想向你分享当年我是如何一步步为孩子们完成教育规划的。我始终坚信：我们要帮助孩子做好准备，因为我们不能让运气或者环境决定他们的未来。

宝宝出生后，妈妈的注意力会天然聚焦在如何教育孩子的问题上。发现天赋和因材施教，是教育规划的第一步。我个人的成长，就受益于因材施教。

我小时候很喜欢唱歌，而且我感觉我唱得比身边所有人都好。后来当我有机会站在学校所有人面前唱歌时，也收到了非常正向的反馈，大家都觉得我唱得好听。那个时候，我再次确认了这个特长是我有但是别人没有或者一定程度上缺乏的。于是家里就花钱培养我的爱好，并让它逐渐专业化，进而成为我的一项能力。顺理成章，声乐也是我的大学专业。

自此以后，我便知道父母教育孩子最重要的一项责任是，帮助孩子发现TA的天赋，并因材施教。这个过程也许不会太顺利，需要投入时间和精力多次去做尝试，但是作为父母仍然要坚持。

父母一般是最了解自己孩子的人，对于孩子的能力发展和天赋都有相对准确的预判。以我自己为例，我陪着女儿们尝试了很多事情，如乐器、舞蹈、编程、美术和体育等；也陪着她们去过很多国家和城市，用脚步丈量，在实际体验中发现。一旦察觉到她们在某件事物上表现出的兴趣或者偏好，我就愿意支持她们去深度了解，包括为她们找到好的老师、好的学校，寻找合适的学习方法、学习交流伙伴等，并帮助她们选择比较适合的学校和未来就业的方向。天赋来自发现，若想将其发展为自己的特长，则需要沉淀。

作为一名前艺术特长生，我是有深刻体悟的。在任何领域想要深入学习并将其发展成为一项特长，过程必定是辛苦的。而这个过程是对孩子的锤炼，更是成长的必经之路。

为了外孙/外孙女的美好人生，不久的将来，我的女儿们也将踏上为TA寻找天赋/兴趣的路程，这也是陪伴TA们成长的美好过程。虽然辛苦，但我会慢慢享受这段时光。

很多家长为孩子规划的时候，都喜欢说孩子适合什么就规划什么。同为妈妈，我理解母亲的那份心情。不过，这些都是妈妈们的美好愿望。大部分的现实情况是，要看家庭为孩子准备的教育金规模。

以我女儿的成长为例。在最初为她做教育规划的时候，身边几乎所有人都说她更适合国外的教育方式。因为在他们眼中，特立独行、思维活跃，对事情有自己的思考和观点，这些特质都很适合国外的生活。但是，我综合了解完各种信息后认为，现在的留学环境，至少需要为每个孩子准备500万左右的资金，才有可能完成国外的教育和生活。这还不包括在国内的国际学校教育的费用。当然，如果她是因为个人追求想要去国外读书，并且对毕业后的生活早已做好了明确的规划，还能在读书期间申请到海外大学的奖学金的话，我一定会全力支持。但如果不是她自己真心努力，我不太想让她出国，毕竟现在出国留学的性价比越来越低，成本也是对家庭的巨大挑战。

最终依据实际情况，我对女儿的规划是：求学路径以国内私立学校为主，大学可以选择中外联合大学。按照这个升学路线，我之前为她们准备的20万是远远不够的。于是我开始为她们准备专项教育金，目标是每个孩子500万左右。

我深深体会到，家长财力是孩子教育的分水岭，教育阶段越往后，需要花钱的地方越多。未来给孩子准备的教育金越多，孩子在求学路上的选择就越多。无论未来是走国内路线，还是走国际路线，显然都是需要靠家庭储备的教育金来支持的。

这里为大家补充一点关于"教育规划"的硬知识：教育规划是基于教育科学、教育政策以及教育数据，为了实现家庭教育长期目标，对当下及未来的教育资金与资源的投入、教育活动选择、教育路径设定做出全面统筹的系统性工程。财务是一切的基础。

关于教育金的重要性，并不只是我个人的经验判断，在孩子教育规划中家庭资金、孩子兴趣爱好、升学择校之间的关系，下面这张图片中有更直观的展示。

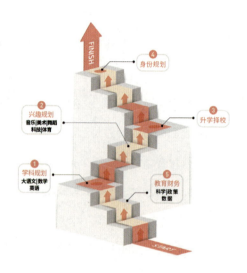

　　对于成长中的孩子们而言，教育规划的目标是希望学生可以尽早开始对自我有客观的认知、对社会和周围环境有独到的见解、对未来人生有清晰的打算。然而要达到这些目的，需要足够长的时间和足够多的经历才能历练出相对不错的结果。

　　而关于教育金的储蓄，常常会陷入3个误区，具体如下。

　　（1）盲目花钱。低年龄段没经验，容易陷入攀比心态，别人家孩子学什么，我们也得学什么。冲动之下过度投资。

对于孩子后续的成长规划和资金需求没有整体评估，也没有考虑到家庭经济水平。

（2）拼命省钱。只有朴素的储蓄意识，储蓄方式单一。因为没有做过规划或者规划不清晰，导致对未来的资金缺口无明确认知，容易因为盲目省钱而错过一些培养孩子的机会和资源。

（3）现实中80%的家庭都属于随机应变。孩子小的时候，父母的规划意识和储蓄意识几乎为0。等孩子升到初中，要补的课越来越多，要花钱的地方也越来越多。存钱已经成为奢望。这种情况下存钱大概率会让整个家庭陷入一种非常被动的状态，疲于应付眼下的生活。孩子的学业也有可能出现因为资金断流而被迫中止的情况。

对照下面的图，我们来看一个案例。

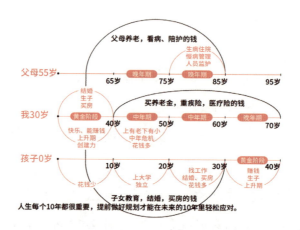

父母养老，看病、陪护的钱

生病住院
慢病管理
人员监护

| 父母55岁 | | 65岁 | 晚年期 | 75岁 | 晚年期 | 85岁 | | 95岁 |

结婚
生子
买房

买养老金，重疾险，医疗险的钱

| 我30岁 | | 黄金阶段 | 40岁 | 中年期 | 50岁 | 中年期 | 60岁 | 晚年期 | 70岁 |

快乐、能赚钱
上升期
创建力

上有老下有小
中年危机
花钱多

| 孩子0岁 | | 10岁 | | 20岁 | | 30岁 | 黄金阶段 | 40岁 |

花钱少

上大学
独立

找工作
结婚、买房
花钱多

赚钱
生子
上升期

子女教育，结婚，买房的钱

人生每个10年都很重要，提前做好规划才能在未来的10年里轻松应对。

假设我们在30岁左右生宝宝，孩子在初中、高中的时候，家长年龄在45岁左右。这个阶段的家庭典型特点是上有老下有小，孩子的教育到了关键阶段，家里的老人也到了刚性养老的阶段，需要提前准备养老和看病的钱，同时还要维持家庭的日常生活开销。所以这也是家庭压力最大的时候。

收入层面，30—40岁是职场人士职业发展的黄金年龄，收入水平处于整体职业生涯的最高峰。过了40岁，有些岗位面临的不确定性会明显增强。再结合近几年的经济大势，当下的职场环境对35岁+的职场人并不友好。

当父母熬过了孩子高中、大学、研究生，紧接着又是孩子择业、买房、结婚、生子几件大事。无论哪一件，都在考验家庭的经济情况。当代父母很难有松懈的时候。

我们试想一下，在自己年轻，职位稳定上升的情况下存钱都是个难题，那在收入减少、家庭花销持续增加的情况下存钱，这种高强度的压力自己能承受得了吗？

反之，在最有能力存钱的时候存下钱，并且利用时间的复利让钱生钱，这样才能用最少的钱实现最大的使用效率。会存钱的人，都懂得如何利用时间，这里讲到的其实就是"早存钱早受益"的理念。

我和身边的朋友们分享了这个理念以后，她们都豁然开朗。所以关于孩子教育金的准备是越早越好。有钱就多存，钱少就少存。

那么问题来了，当我们认识到存钱的必要性和紧迫性之后，选择什么样的产品可以让存钱这件事变得更稳定，结果更可靠呢？

教育金的特点是长周期，不能有风险，时间刚性，只需要在孩子上大学或者考研考博的时候，能够取出来就行了，在这之前对流动性的要求不高。而且这个钱是专款专用，除教育外不用作其他目的。收益性是满足上述条件以后再考虑的。所以说，教育金优先考虑安全性，其次是收益性，最后是流动性。

目前家庭的教育金储备的方式大概分为房地产、银行储蓄、内地保险、香港保险、股票、基金这几种方式。我们来分析一下各种方式的优缺点。

房地产是很多家长给孩子作出国留学资金的储蓄罐，但是我个人不太推荐这种教育储蓄方式。由于目前国内房地产市场的发展不确定性较大，而房地产在未来的变现能力几乎是不确定的，这两年我们的体验更加强烈。如果教育金的使用时间与市场低谷重合，房子要么卖不掉，要么打折卖，那就意味着我们有可能无法按时、足额地使用它。这会影响孩子的教育路径。虽然房地产本身风险不大，但是作为教育金来说，风险还是比较大的。

银行储蓄是中国最普遍的教育储蓄方式，低风险投资，收益不高。目前国内银行存款利率持续呈现下降趋势。2023年12月22日，新一轮银行存款利率下调尘埃落定。工行、建行、农行、中行、交行、招行等多家银行均在银行官网上更新了人民币存款挂牌利率。工行、农行等还同步下调了大额存单、特色存款等品类的存款利率，最高降幅达到30个基点。这已经是2023年度第三次下调存款利率了。这种情况下只建议适当布局。

保险产品分为内地保险和香港保险。内地保险的特点是零风险，目前收益率比银行储蓄高，且能够锁定长期收益率。其中增额终身寿险类型产品，还可以随时、分笔灵活取用。

这里要重点讲解一下香港保险。因为许多人对香港保险的理解有偏差，容易盲目购买。

香港保险的优势是多国货币转换，以美元计价。所以香港保险很适合有出国留学计划、需要将一部分美元逐步汇出的家庭。虽然香港保险收益率比内地保险高一些，但保证部分比内地保险低。所以，如果计划走国内路线，购买几万美元意义不大。

还有些人觉得香港保险可以赚取利差，我个人并不建议这样做。因为未来保单拿回来的收益，还需要再卖出兑换成人民币。货币兑换的汇率是不确定的，有涨有跌，很有可能因为汇率的一个波动，就将所有的收益抹平，同时还要承担美元和人民币两次兑换的成本。

股票，这个属于见仁见智，大家可以自行判断。

基金，分为股票基金、混合型基金、债券基金、货币基金。亏损较频繁的基金类型不适用于教育储蓄，违背了教育支出的时间刚性、费用刚性。债券基金以及某些指数型基金比较适合教育储蓄。

综合来看，教育储蓄方式的优劣对比，可以参考下图。

教育储蓄方式对比

储蓄方式	银行储蓄	银行理财	内地保险	香港保险	货币/债券/基金	混合/股票/基金	股票	房产
风险	极低	取决于产品	最低(内地保本保息型0风险)	极低	中低	中高	高	中高
预期收益	较低 1-2%	较低 3%左右	中低 3.5%封顶	中等 5-7%	中等 5-10%	中高 8-18%	高 10%	不一定
流动性	定期低 活期高	短期高 长期低	增额终身寿短期低、长期高，其余产品不一定		较高	较高	高	低
建议占比	10-20%		60-80%				10-30%	

说到给孩子储备教育金，紧接其后的问题是存多少？这个问题的背后，实际上关联的是孩子升学择校路径、身份规划的问题。

在择校路径方面，有国内升学和国外留学两个方向，身份上又有内地身份、香港身份、华侨生和国际生之分。

梁建章老师给出了一个数据，按照过往教育花销测算，2023年在国内升学的路线，平均总花费在54.38万元。

不少国内家庭会为孩子选择组合式路线：小学、初中在国内就读，高中就读国际部，在香港读本科、研究生，总的费用花销在300万左右。

如果有香港身份，在内地读本科，在香港读研究生，总花费在250万—300万元。

没有美国绿卡，在美国就读高中、本科、研究生的总花费在600万—700万元。在拥有美国绿卡的情况下，在美国就读高中、本科、研究生的总花费在500万—600万元。

案例3:香港身份路线

案例4:美高美本纯国际路线

身份规划大体来说，分为国内和海外两大类。

国内的身份规划，主要是指北京、上海、天津、东三省、少数民族地区（**西藏、青海、宁夏、新疆、内蒙古、广西等**）。家长可通过合法路径，将孩子参加高考的地区改为竞争压力小的地区。

海外身份规划主要有两类，分别是华侨生和国际生。

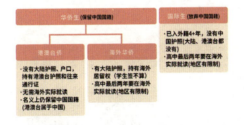

总结一下，教育规划的实操原则是：目标优于方法，方法先于资源。简言之，在帮助孩子做教育规划的时候，首先要定义好最终目标，并在目标指引下做重点阶段重点任务的拆分。在完成规划任务的时候，要认识到资源可替代性强的特点，不要盲目陷入琐碎的资源问题（*读什么书、*

用什么教辅、上什么课）而影响到目标的达成。

要考虑通盘全局的问题，认识到孩子的时间、家庭的资金会受到各项活动影响，不要孤立地寻求答案。

尽量以终为始，预留容错度。如果能确立目标，那就以目标为导向，反推任务。无法确定目标，或者面临不确定性时，尽量提升规划的灵活性，多留后路。

上述信息是我的个人总结，仅供大家参考。具体到每个孩子的教育规划，家长们可以根据自身情况做出调整。

3. 观世界，才有世界观

在我的家庭中，出去旅游一直是个非常重要的家庭活动。从第一次带着孩子们自驾游到现在，我们一起走过的旅程已经超过6万公里。最东边去到山东潍坊高密，这里是诺贝尔文学奖获得者莫言的故乡。最西边去到新疆塔什库尔干塔吉克自治县。这里的西北、西南、南分别与塔吉克斯坦、阿富汗、巴基斯坦三国相邻。这里距离诗人李白的出生地不远。南到海南，北到大兴安岭，都留下了我们的足迹。

为什么要经常带着孩子们出去旅行？

一方面是因为我个人非常喜欢旅行。有了孩子以后，旅行计划更是成为家庭的保留习惯。每年一到假期，我们就会带着孩子、父母，一家人一起去自驾游。在父母的身体还能允许长途旅行的时候，在孩子们还没有过重的学业，可以轻松享受童年的时候，旅行是最好的安排，三代同堂一起出游的快乐，会成为每个人最珍贵的体验和未来最值得收藏的回忆。

孩子小的时候，一家人自驾游目的地偏于自然，去感受草原、大海、山川不同地形地貌的差异。我现在还记得，第一次带孩子们去草原时，除了一望无际的草原，印象最深的是走几步就会踩到牛羊屁屁，还有孩子们在草原水泡子旁边玩耍的情形。那样的无忧无虑，全然是天性的表达。我们去过好几次河西走廊，在张掖看到了丹霞地貌，了解到地理地貌的多元和丰富……

等到孩子大一点的时候，我们的自驾游目的地开始偏向于人文，通过旅行的方式，感受当地的文化、历史、艺术等。比如每次南下，都会经过黄河。从第一次的"哇，黄河"到后来能够背诵关于黄河的古诗，到联想起这些诗人的生平故事，搭建起了从自然景观到人文知识的链条体系。在经过徐州的时候，我们曾无意间去了戏马台，开启了我们对项羽这个历史人物的探寻：我们探讨项羽定都彭城（徐州）放弃关中，是一个严重的战略失误；进而探讨了项羽的人格，说到了霸王别姬的故事，又聊到张国荣……我们和孩子一边走一边学，在这个过程中，亲子一起学习的氛围让我们都很开心，也都有收获。古人说"蜀道难，难于上青天"，现在修了高速，想必不难了吧？实际上，我们开车翻越秦岭花了一整天的时间。其中一个隧道，穿越竟然需要40分钟。想想诸葛亮当年六出祁山，得走多少天啊……路过汉中时，他们说，汉中四周全是山，如果当年项羽定都汉中，历史的走向会不会变得不一样？

知识的学习积累就在这样愉快的过程中自然地进行着，真正做到了透过地理看历史。

孩子慢慢长大，具备了一些认知能力，会思考，会提问以后，关于未来旅行的畅想，我计划与商业结合。我们沿着产业链去原料产地，去工厂，感受一款产品的制作过程，感受商业流通的乐趣和魅力。中国各地有各具特色的产业经济，比如山东菏泽曹县的特色产业是汉服。

从地理和历史的角度结合商业实际问题，这样可以收获更多。

　　我还带着她们去国外参加夏令营。除了见识更大的世界之外，还体验到不同的教育方式，接触不同国家的人。不同国家和民族，对待同一件事情的态度不同，有时候其中的差异让人惊掉下巴。很多事情跟我们过往理解的不一样。经历这样的反差，我们的世界观都会受到颠覆，发生改变。这也许是变得理性和成熟的必经过程。

　　受当下科技发展变革的影响，不少人失去了工作。北京时间2023年11月7日结束的OpenAI第四次发布会，让人惊叹于它的成长速度。未来是"AI+X"的时代已经无须多言。

　　我们不禁要问，在经济形势不断变化和科技不断迭代的当下，个体需要习得怎样的技能？个体怎样做才能有经济保障？要如何为有意义的人生做准备？做什么样的准备可以很好地适应未来的AI时代？什么样的能力不会被AI替代？

　　在我看来，去到现场观察、体验、思考，获取一手信息，获得最直观最真实的感受，是无法被替代的。"读万卷书，行万里路"的意义，不仅仅是做这些事，也不是一定要读1万本书，而是在读书、行路的过程中，认识到世界的多样性，建立起自己的世界观，以此来思考和解决问题。

千百年来，好奇心、观察、思考、提问这些技能，从未因为科技进步而被人类荒废，反而成为优秀人士的必要素质。

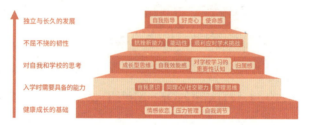

16个导向成功的习惯

在《准备》这本书中，作者提炼的16个导向成功的习惯能给我们一些启发。

顶层：自我指导、好奇心、使命感（独立与长久的发展）

第四层：抗挫折能力、能动性、顺利应对学术挑战（不屈不挠的韧性）

第三层：成长型思维、自我效能感、归属感、对学校学习的重要性认知（对自我和学校的思考）

第二层：自我意识、同理心/社交能力、管理思维（入学时需要具备的能力）

第一层：情感依恋、压力管理、自我调节（健康成长的基础）

我们在教育女儿的过程中，一直坚持的就是保护她们的好奇心，不打压孩子的探索欲望。

结合到OpenAI第四次发布会的内容，我们需要学习和训练的不是知识，而是搭建知识体系，建立关联，练习思考和提问，用好的问题引发自己的思考，逐渐训练自己的"ChatGPT"。

我已经在为这个目标而努力，并且会为之继续努力。

教育和健康是人生两件大事，也是家庭生活的两个核心。时间周期长，但是影响深远，这是值得我们多花一些笔墨和时间来详细阐述的。

我期待着，未来外孙/外孙女们的健康成长，也想看到他们成材的那天。

◆ **成立家庭，成为父母后，应该配置什么类型的保险？**

从初入职场，到走进婚姻后成为妈妈。这个阶段，年龄大了，我们身上又背负起照顾子女的责任，压力大了，担子自然更重了。这个阶段的我们考虑应对的主要风险是重大疾病和死亡。所以应该给家庭成员配置重疾险。

目前重大疾病呈现出"三高一低"的发展趋势，就是高发病率、高医疗费、高治愈率、低龄化。年轻人遭遇重大疾病的概率增加，一旦不幸罹患重大疾病，不仅会对自己产生重大影响，也会严重影响家庭生活。因为患病期间，收入锐减甚至直降为0，同时需要支付高额医疗费，家人生活会因此受到连带影响。重疾险就是为了抵御这类风险，只要符合赔付条件，一次性把钱给你。这笔钱可以用来治病，可以用来买营养品，也可以用于家庭的生活费。

所以，对于成年人而言，有了重疾险就可以阻隔影响家庭生活质量的风险。

重疾险大多是长期保障，分定期重疾和终身重疾。定期一般保到六七十岁，终身就是保一辈子。配置重疾险时，一定要关注保额。比如患有重大疾病后，失去收入来源，在设置保额时要重点关注生病期间的生活费用。

下图是银保监会规定的25种标准定义下重大疾病的医疗费用概览图，供大家参考。

序号	大病种类	治疗康复费用	备注
1	恶性肿瘤	12-50万	CT、伽马刀、核磁共振等治疗项目为社保不报销或部分报销项目，同时80%以上进口特效药不在社保医疗报销范围内
2	急性心肌梗塞	10-30万	需要长期的药物治疗和康复治疗
3	脑中风后遗症	10-40万	需长期护理和药物治疗
4	重大器官移植术或造血干细胞移植术	20-50万	心脏移植、肺脏移植不属于社保报销项目，器官移植后均需终身服用抗排斥药物
5	冠状动脉搭桥术(冠状动脉旁路移植术)	10-30万	冠状动脉造影属于社保部分费用报销项目，搭桥每条桥4万元，需长期药物治疗和康复治疗
6	终末期肾病	10万/年	换肾或长期依赖透析疗法，透析费用属于社保部分报销项目
7	多个肢体缺失	10-40万	假肢3-5年需更换一次，并需长期康复治疗
8	急性或亚急性重症肝炎	4-5万/年	该病并发症多，并且需要长期药物治疗
9	良性脑肿瘤	5-25万	需要长期药物和护理治疗
10	慢性肝功能衰竭失代偿期	3-7万/年	需要长期药物和护理治疗
11	脑炎后遗症或脑膜炎后遗症	3-5万/年	需要长期药物治疗和护理治疗
12	深度昏迷	8-12万/年	需要长期药物和护理治疗
13	双耳失聪	20-40万	安装电子耳蜗15-30万，还需每年1.5万维护费
14	双目失明	8-20万	移植角膜费用2-4万左右
15	瘫痪	5-8万/年	长期护理及药物、康复治疗
16	心脏瓣膜手术	10-25万	需终身抗凝药物
17	严重阿尔茨海默病	5-8万/年	需终身护理及药物治疗
18	严重脑损伤	4-10万/年	需终身护理及药物治疗
19	严重帕金森病	5-10万/年	终身护理及药物治疗，进口特效药不是社保报销药品
20	严重III度烧伤	8-20万	需多次手术整形
21	严重原发性肺动脉高压	10-20万/年	心肺移植及终身药物治疗
22	严重运动神经元病	6-15万/年	长期护理及药物治疗
23	语言能力丧失	8-15万	依据病因治疗费不同
24	重型再生障碍性贫血	15-40万	骨髓移植及长期药物治疗
25	主动脉手术	8-20万	

这里有一个温馨提示，家庭中，夫妻双方常常互相给对方买保险，双方可以在保单里加一个投保人豁免条款。万一投保人或者被保险人发生理赔，投保人可以不用再续缴保费，而保险合同仍然有效。

除了给自己买保险，孩子出生后，也需要给孩子配置保险。首先是重疾险和医疗险。

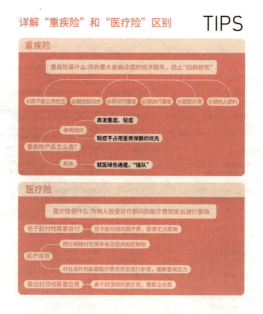

另一个需要准备的是教育金，如孩子未来出国留学需要的钱。这类保险的特点是强制储蓄、锁定收益。投保人可以根据需要释放现金流，让被保险人在特定年龄每年拿到一笔钱，也可以在某个时间（比如18岁）一次性拿到一笔钱。

为什么选择用保险这种方式强制储蓄呢？在你收入可观的时候，每年固定存一笔钱，做到专款专用。而且保险比较安全，大多数储蓄性的保险都有一个保底的收益标准，并且会在合同里注明。这样，可以在确定的时间领取到确定的金额，用于支付未来的学费。

人到中年，你准备好了吗

>>>>>

"中"，说文解字里是这么注释的："中，内也。从口，下上通也。"放在年龄的命题下，人到中年，更像是跨越少年和青年时代，在中场相遇，带着半生损誉，不可逃避地去向人生下半场。

　　我一直觉得，中年是人生中感受最为复杂的阶段。在世几十年，拥有了一定的生活经验和阅历，对人生、事业、家庭、亲情和友情等都有了自己的体验和看法。虽然中年人常常被"三座大山"所压，背负着比其他年龄段更多的烦恼，但我仍然愿意心怀感恩地来开启这个岁月的礼物，分享无限的可能性。

1. 我被卷入了中年

　　有人说，中年生活是幸福的，因为它是人生丰收的起点。沉淀后散发着成熟气息的自我，收获稳定和丰衣足食的家庭，收获身体康健精神矍铄的父母，收获学业有成出类拔萃的子女。

也有人说，中年是痛苦与不甘的。家庭上有老下有小，要同时承担赡养老人和抚育孩子的双重压力，像一个夹心饼干，只能压榨自己去完成这个年纪的天然使命。事业上，40+的年龄高不成低不就，甚至还要面临被辞退的风险，工作收入如过山车般不稳定。在这个方方面面支出都不断升级的阶段，每天拆东墙补西墙，疲于奔命。

人生的差距自然不是突然而来的。中年到底是幸福还是痛苦不甘，除却心态问题外，正是如人饮水。

中年生活于我而言，来得猝不及防，恍惚间，好像就被卷进去了。

在2023年11月一次出差过程中，我突然感觉到眼睛看东西模糊。我尝试着揉一揉、闭上眼睛休息，但无论如何努力，看东西都是模糊的。过了好一会儿，眼睛才恢复正常。没有近视的我，那一刻突然意识到，我可能是"老"了。

很多人其实像我一样，在完全无意识的情况下发觉自己似乎已经进入中年，身体机能下降的各种信号突然有一天开始频繁出现：视力下降、精力下滑、熬不了夜、容易疲惫、新陈代谢大幅降低、激素水平断崖式下降等。女性的月经变得不再规律，更年期综合征开始出现；男性"游泳圈""啤酒肚"越来越牢固，失眠更加频繁。活脱脱的"人到中年不得已，保温杯里泡枸杞"。

更剧烈的变化体现在家庭关系和职场方面。

在家庭关系方面，父母逐渐进入需要照顾的阶段，带他们出去游玩也消受不了那些户外高强度的景点，饮食上也需要更加清淡软糯一些。甚至有一部分身体素质不太好的父母已经进入需要专人护理的状态，医疗费用、护理费用都将成为一笔不小的支出。这些都对中年人赚钱能力、投入家庭的时间和精力成本提出了更高要求。

孩子在不断长大，可能面临着上大学，需要准备学费和生活费。此外，兴趣上的投入也在加大，学习冰球、高尔夫、马术、击剑等，新世纪孩子们的兴趣培养都会更加专业化。孩子开始有自己的想法，倾向性也会更强。从对父母安排的全盘接受，到主动安排自己的学习和生活，比如参加一些社会性社团活动、画展、艺术展、市集等。在这个转变的过程中，除了花费上的持续升级之外，两代人的消费观、生活观都在不断发生碰撞。

事业上，大部分普通人到了中年以后，尤其是45岁左右，要么是在平台期看不到升职的空间，要么是已经到了职场天花板，除非自己创业当老板，不然很难再有新的发展。这个阶段的"再进一步"往往需要更多的投入、花费更大的力气，甚至还要去比拼资源和人脉圈。即便如此，事业上的突破也是个概率事件。所以大部分职场人会在这个阶段选择就此躺平，过上"维稳"人生。事业上的成就感不值一提，薪资待遇不上不下，奖金分红基本是奢望，生活上还总是入不敷出，现实压力就这么排山倒海般而来。成年人的疲惫感和无力感只能自己品尝了。

如果在年富力强的时候能提前做好资金准备，有收益可观的投资，那么即使人到中年，也可以相对从容。于我个人而言，孩子的教育金我已经在35—45岁之间解决了，这些钱都是专款专用。关于父母养老和医疗方面，我为我的父母提前购买了医疗险，在看病就医等方面会相对轻松一些。所以在大多数人幸福感急剧降低的中年阶段，我的生活节奏和生活水平基本没有受到影响。我和父母及孩子的关系，在没有物质障碍的情况下，可以互相理解，亲密度也更高。

我身边的很多朋友对于"提前存钱"这个理念，起初也跟大多数人一样，持不理解的态度，只是因为对我的信任开始存钱。现在她们人到中年，提前存钱的益处逐渐显露出来，纷纷感谢我给她们提供的方案、帮他们定制的产品。她们按照孩子的教育规划提前存钱，完全不会有财务压力。更不会出现孩子足够优秀，父母却没钱继续让孩子深造的情况。尤其是对于一些有留学规划的家庭，保证好教育金的持续投入更加重要。

很多人年轻的时候有能力存钱但是没有存钱，网络上调侃的"人到中年不得已"不是搞笑段子，恰恰是许多中年人面对生活的真实状态。

时间的车轮滚滚向前，岁月这把杀猪刀从来不曾饶过谁。你将要过上什么样的中年生活，全看你是否有超前的眼光，是否有足够的准备。

2. 中年人卸不掉的三座大山

很多人都认为人到中年各方面趋向成熟，感情生活应该会进入一个比较平稳的状态。但事实并非如此。根据国家统计数据，我们发现，最容易离婚的人群都集中在这一特定年龄段。为什么这个阶段会成为现代社会最容易离婚的时期？

因为中年夫妻普遍面临着三大压力。

经济压力是中年夫妻面临的最主要压力。子女的教育费用和父母的养老费用是家庭的两大重点支出板块。而经济来源受经济大环境、个人年龄的双重影响，出现失业、降职或减薪等情况在近两年都比较普遍。夫妻双方因为过重的经济压力而发生争吵，情绪的爆发对于解决经济危机并无帮助，反而容易让夫妻双方感到疲惫和不耐烦，产生不被理解的失望情绪，这大大增加了离婚的可能性。

职业压力也是导致中年夫妻离婚的原因之一。绝大部分的家庭收入都来自固定职业收入，当然也会有一些意外收入，此处不纳入讨论范围。中年夫妻需要面对的职业压力相较于单身人群绝对是翻倍的。一方面要面临职场瓶颈，另一方面则要平衡工作与家庭的关系，甚至还有可能面临职业上的重新选择。职场如战场，背负着家庭重担的中年人，无论如何不能输，也输不起。这份小心翼翼的心态，更容易在工作环境中积累负面情绪而无法宣泄，这日积月累的情绪垃圾最后往往会在某个时刻倾倒在家庭环境里，伤人伤己。

家庭压力是导致中年夫妻离婚的另一个原因。来自不同家庭的男女组合成为新的家庭，经历婚姻的磨合，夫妻双方关系趋于稳定。但是当孩子和老人两方加入之后，旧有的平衡被打破，新的格局下自然要建立新的平衡关系，在这种不稳定的情况下，分歧出现的频率自然会大大提高。小到一顿晚餐的布置、过节塞多大的红包，大到孩子要上什么兴趣班、老人要买什么理疗产品、一家姊妹几个如何照顾护理老人等。大大小小的分歧点造成夫妻双方一次次的摩擦，直到他们对彼此心灰意冷，再也不愿意为对方妥协，从而决定放弃这段婚姻关系，从此退出对方的生活。

我个人根据多年观察，觉得可以用三个词语来概括描述中年人不同时期的婚姻状态：稳定、危机、破裂。

稳定期的中年夫妻婚姻生活规律，夫妻之间互相尊重，沟通良好，生活富足，彼此支持和信任。

危机期的中年夫妻婚姻出现问题，夫妻之间产生分歧，情感矛盾激化，但是矛盾还不会影响到彼此的感情和生活。

破裂期的中年夫妻婚姻生活发生了重大变化，不论是家庭变化还是自身变化，矛盾问题无法被解决，造成婚姻破裂。

有一个有趣的现象，相信大家或多或少都有关注到。每一年高考结束的那个暑假，都是中年夫妻扎堆离婚的高峰。为了孩子"三年辛苦一朝高考"的正常发挥，他们不约而同地选择隐忍硬撑。貌合神离的日子虽然难过，但是总有一个deadline（最后限期）。这恐怕是孩子们作为维系夫妻关系的纽带所释放的最后一次超能力。

曾经深爱的两人最终越过离婚这座桥，之后天各一方。虽然离婚是我们都不希望看到或者走到的那一步，但是一旦必须面对的时候，我们要清醒理智、心平气和。给彼此留有体面，也把自己保护好。

首先就是财富的保护。如果是全职太太的角色，那么一定要掌握好家庭所有资产的情况，避免其中一方有隐瞒。如果是创业夫妻，一旦离婚，更要小心处理，避免给自己在感情之外造成资产上不小的损失。

其次，你要做好自己的养老安排。婚姻的伤口需要舔舐的时间，也许自己再也禁不起一次打击。妥善安排好养老问题，可以在离婚后给自己更大的空间去寻回自己，去享受生活，哪怕自私一点。

其实，上面的问题90%都是可以用钱解决的。

3. 为退休做准备，获得与生命等长的现金流

一定会有人说，现在准备退休生活是不是太早了？

在《毛铺和文化录·中国和力》第三季第四期节目《人到中年，有多少危机要突破》中，主持人陈铭向清华大学国情研究院院长、著名经济学家李稻葵教授提出了一个问题："我们的社保能不能确保我们老了之后有一个相对丰裕的物质生活？"

李稻葵教授给出的回答也是十分耿直："非常简单的一个回答，肯定是不够的，绝大多数进了城的，现在已经达到中等收入的这群人，光靠政府的退休金是绝对不够的。你早就应该提前规划你个人的退休养老储蓄。"

这个答案，对于未来20年后退休的80后、90后来说，是真实且残酷的，像一记警钟敲响，提醒目前的主流生产力人群，要时刻捂好自己的钱包，并提前做好自己给自己养老的准备。

我们国家现行的社保制度是现收现付制，即现在年轻人工作交的社保拿来给已经退休的老人发退休金。现阶段的全国社保基金已经出现了失衡，如果没有政府补贴，社保基金在当下已经出现了赤字，更遑论人口持续缩减下去的20年后。

而且，人口老龄化和少子化趋势不可避免，并将持续加剧社保基金失衡。

2022年，我国60岁及以上老年人已超过2.8亿，占总人口比重的19.8%；65岁及以上老年人达2.1亿，占总人口比重的14.9%。联合国发布的《世界人口展望2022》预测，到2050年，我国将进入重度老龄化社会，60岁及以上老年人口将超过5亿。

根据财政部数据，2019年我国城镇职工基本养老保险参保人数将近3.1亿，领取待遇人数将近1.2亿，缴纳者和领取者之间的比例大致为3∶1。

但是随着退休人口的增加和劳动力的减少，这个比例将逐年下降。根据预测，到2035年，我国缴纳者和领取者之间的比例将降至1.3∶1，到2050年将降至0.8∶1。这意味着，未来每个缴纳者要承担更多的养老金支出，社保基金的负担将越来越重。等到我们10年、20年后退休时，可以发的退休金越来越少，因为能够缴纳社保基金的人越来越少，领取退休金的人越来越多。

当下我国养老金实行双轨制，即我国的养老金制度存在着两个不同的体系：一个是与企业职工养老保险相对应的、由国家统一规定的基本养老保险制度；另一个则是由单位和职工共同缴纳、按照不同比例共同承担的企业年金制度。

因此，造成了一部分人退休金数额高，而另一部分人数额相对较低。其中，机关事业退休人员，退休待遇高，他们的退休养老金由国家和单位负担，替代率极高，达到80%—90%以上，有的甚至达到100%。而且除了每月高额的养老金之外，单位还会给他们发放各种各样的津贴，退休后也有不少津贴和慰问金。

对于企业退休人员来说，养老金不仅替代率低，从业单位为了降低公司用人成本，会选择按照最低标准为每个职工缴纳养老金，且没有名目繁多的津贴、补贴。这部分企业职工退休后养老金普遍较低，与那些动辄七八千甚至上万元养老金的机关单位退休人员差距极大。

在双轨制度下，机关事业单位员工退休后通常能享受到较高保障，在企业工作的打工者则难以获得同等待遇。

养老金并轨是大势所趋。养老金并轨的目标就是要实现机关事业单位和企业职工在缴费政策、待遇水平、资金管理等方面的统一，建立一个公平、可持续、覆盖全民的养老保险体系。养老金并轨有利于促进社会公平正义，消除不同群体之间的待遇差距，使所有参保人员按照同一标准享受养老保险待遇，体现了"多缴多得、长缴多得"的激励机制，也符合分配原则。

结合国家人口趋势和养老保险改革政策，在我看来，提前规划养老已经是一个如何做的问题，而不是做不做的问题。

很多人年轻的时候月入1万多、2万多，挣多少花多少，生活水平非常高。但是等到未来退休，拿到工资单一看才三五千，之前的生活水平难以为继，生活质量也无法保障。这中间的差距太大了。仅仅凭借养老保险维持原有的生活品质，显然是一件不可能的事情，无须侥幸。

而且年龄越大，凭借退休金生活就越艰难。如果能得到子女的妥善照顾，可能还稍微好一些。如果是一个人独居，看病吃药的钱都很难覆盖，更别谈什么生活质量了。

就我们这一代而言，我们有幸经历了中国经济腾飞的浪潮，享受了时代的红利，积累了一些财富。但是在当下的经济环境下，收紧钱包、控制支出，把钱花在刀刃上，已经成为共识。

以ChatGPT为代表的AI科技正在掀起新的科技浪潮，文案、设计、视频制作与剪辑、数据分析与预测等越来越多的工作正在被AI替代。这不是人类社会未来的大势所趋，而是正在发生的事情。

未来，我们的孩子面对的，将会是竞争更激烈的社会现状——机会更少，赚钱更难。

在可预见的未来几十年，我们经济上不可能像过去40年那样实现GDP的爆发性增长。那个时候我们退休，很可能会出现像年轻时羡慕别人的高薪那样，羡慕那些月薪过万的退休老人。提前为自己规划好养老方案，是为了自己老年生活的体面，起码不用眼红"隔壁老王"。更重要的是，照顾好自己也是给子女们减负，不在他们焦头烂额的中年时期再添一大堵。

我身边很多朋友，在为自己准备退休金的时候，最常见的方式是投资房产。这种方式其实也有它的弊端，首先因为未来几十年的房地产市场涨跌很难预测。其次，把房产卖掉以后虽然能获得一大笔钱，但并不是养老专用。

老人一下子拥有一大笔钱，不一定是好事，因为惦记的人太多。反而是每个月有持续现金流比较重要。打个比方，就像我们去沙漠旅行，旁边的补给站说，有两种选择，第一种，自己尽可能多背水，背多少都行；第二种，可以轻装上阵，每10公里就会有一个补给点，一直到终点。选择哪一个？

面对市面上五花八门的养老产品，购买的时候一定要遵守这个核心原则：选择那些能够提供与生命等长的现金流。也就是说，活到什么时候，养老金就能给到什么时候。而不是一个资金池，用完就没有了。

这就是规划的意义。在养老金的规划上，不是越多越好，我们需要的是每个月都有。细水长流，稳定长久。这才是最重要的。

4. 用家庭理财，保障家人未来

根据家庭的资金状况和预测未来的收益值来确定好稳定可靠的财产管理计划，我们称之为家庭理财。人到中年，除了做好个人理财和个人保障之外，如果能为家庭财富做好规划，势必能为家庭需求做好保障，更能提升家庭幸福指数。

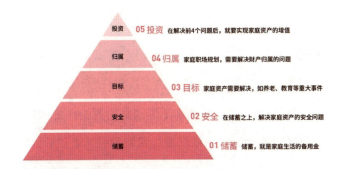

家庭理财分为几个层次，从下往上分别是储蓄、安全、目标、归属、投资。其中，储蓄是家庭资产规划的基础。家庭资产规划，应该在不影响家庭日常生活的基础上进行。

第二个层次是安全。很多时候，有很多开支是不确定的，比如医疗。我们的财务实际上是非常脆弱的，当极端情况发生的时候，我们的家庭财务不一定有足够的韧性能帮我们触底反弹。所以，保障类的保险产品很多时候是用来保护我们家庭财务的安全的。

第三个层次是目标，即针对一个家庭的重要目标做相应的规划。试想，如果我们的人生遇到了重大的挫折，我们最担心的是什么？而这些就是我们应该去提前规划的。比如子女未来安排，自己的养老，给父母预留的资金。如果把这些都划拨出来，剩下的钱去投资，哪怕投资失败，自己还年轻力壮，眼前的失败不是问题。

第四个层次，实际上是绝大部分人的盲区，叫归属。就是我们赚了一辈子的钱，最后这个钱到底是不是自己的，能不能为你所用。这是很多高净值家庭需要关注的问题。有个非常形象的比喻，如果财富是我们的另一个孩子，那么TA出生后的第一要务就是确认DNA，看看长得像不像我，确认是不是我的孩子。很多时候，我们的财富传着传着，就传到别的地方去了。比如子女离婚，比如投资失败。

最后一个层次才是我们常说的投资。要实现家庭理财的目标，需要有可实施的策略。

首先是投入的金额。主要受到家庭收支情况和家庭资产财务状况的影响，在不影响家庭日常生活的基础上做好剩余财富的增值，核算好家庭净资产。依据家庭人员目前收入水平来估算家庭未来的利息以及股息收入，测算家庭未来的收入情况。对家庭支出做好合理的预算，并积极保证在预算内做生活支出。家庭有合理计划的生活支出是实现财富目标的关键保障。

　　其次是投资的周期，规划的时间周期不同，选择的工具和获得的收益则可能完全不同。

　　再次是我们能承担的风险。比如定期存款、基金、股票、期货、债券、黄金及外汇等，投资回报率和相对风险成正比。在家庭安全资产足够厚的情况下，我们如果想要再获得更多财富，可以做一些稍微激进的投资，这意味着即便投资的本金100%亏掉，也不会影响家人的日常生活。

　　如果家庭资产规模较大，有传承的需求，可以利用港险的另一个特点，就是可以无限次地更换被保人。这意味着这张保单可以一直传承下去，而且香港保单的货币转换机制，对于一些多国籍家庭来说，可以用比较低的成本，帮我们去做家族当中的一些类信托的资产安排和规划。

综合来看，如果家庭想要布局，做资产配置，我建议先把人民币的配置做好，把家庭所有的风险管控好，再做其他币种配置。最后是投入时长，财富要具备时间价值。

以我个人为例，我选择为我的家庭做了一份保险金信托作为保障，直接受益人包含父母和两个孩子。在信托的分配机制里可以设定好非常明确的触发条件。

孩子们考上大学可以领取固定的学费和生活费，除此之外，如果考研，会有另外的奖励。结婚的时候有嫁妆，婚后她们生育了，有一笔专用的款项，用作月子里的恢复资金。在孩子们没成年之前，如果我出现了意外的状况，不能照顾他们，我的父母和孩子们每个月有基本生活保障；父母如果出现重大医疗事件，也会有相应的资金支持。孩子30岁之后，信托资金里的20%由她们自由支配；40岁之后100%都会给她们，那个时候她们已经具备驾驭财富的能力。

信托作为一个极端条件下保障家庭正常运转、孩子正常生活学习的工具，会在我身故后按照我的意志去保障我指定的受益人。

◆未雨绸缪，提前规划老年保障最推荐的保险类型

人到中年，正是上有老、下有小，责任和压力最大的时候，也是为自己的老年阶段做准备的最佳时候。所以在这个阶段，养老年金险是必须购买的。

国内的退休养老基本都是靠社保和储蓄，但是这两项是远远不够的，剩下的窟窿需要额外补充。关于养老，许多人的观念是拥有一大笔现金就行。事实上，对于老人而言，手握一大笔现金很容易被人惦记，无论人还是财都不是很安全。最舒服的养老是拥有与生命等长的现金流。

有不少人觉得，人还在的时候，说寿险晦气。实际上，寿险是为了保障被保险人身故之后，还能履行对家庭的责任。

寿险分为定期寿险和终身寿险。定期寿险保20年或30年，终身寿险就是保终身。不管什么时间去世，你的家人都会获得一笔赔偿金，一般也用作财富保全和传承。

寿险配置时，原则之一是根据承担的责任来设置保额。要把家庭所有负债（*包括贷款*）、基本生活成本、子女教育、赡养父母花销等支出都考虑进去。

☆创业夫妻离婚，有哪些注意事项？

如果是创业夫妻离婚，具体分为两种情况。

第一种情况是创业公司没有做起来，甚至欠了一屁股债。如果没有做好家庭资产和公司资产隔离，一旦离婚，那么就意味着要分担巨额债务。没有人前显贵，还要跟着人后受罪。

第二种情况是创业公司经营得很好，那么两个人离婚财产分割最大的焦点就是共同创业的这家企业。

那么这家公司，有哪些财产是婚前个人所有，有哪些财产是婚后两人共同所有？

先来回顾一下财产分配原则：<u>婚前财产，你的就是你的，我的就是我的；婚后财产，我的也是你的，你的也是我的。</u>

在实际生活中，大概率是男方负责创业，女方负责家庭。表面上看起来，这家公司经营和女方没有关系。如果你以为，男方每天辛苦打拼，都是自己的功劳，和女方没关系，那就错了，可没有那么简单。

创业涉及公司股权这种财产，它的价值在婚前、婚后的增长可能性非常大。这种增值不是随着市场行情水涨船高，不需要付出任何努力获得的，而是完全靠人做出来的。男方负责公司经营，在前线奋斗；女方负责家庭，稳固后方，所以军功章有男方的一半，也有女方的一半。

常见创业公司模式分为以下几种。

（1）股权出资，即结婚之前你名下股权的出资额度。比如，你婚前和朋友合伙开公司，注册资本100万，你投50万占50%的股份。这一部分永远是你的个人财产，除非你签订了婚姻财产协议，有其他约定。但是，假如你在婚后用共同财产增加了出资，比如增加了30万，那增加的部分就是婚后共有的。

（2）股权分红，公司如果赚钱了可能会有分红。它的性质就是"投资收益"。如果分红发生在婚后，这笔钱就流进了婚姻财产"蓄水池"，就是夫妻共有的。

（3）股权增值。一家公司做得好，净资产就会越来越多，对应的折算成股权价值就大大增加。比如在婚前和朋友开的公司上市，那你拥有的股权当初值50万，现在上市后变成了5000万。那么在婚后增值的4950万元，就会被认定为夫妻共有。

所以即便婚前的创业股权是你的，但是婚后的分红和增值也会变成夫妻共同所有。这部分往往也是股权价值构成最大的一块。一旦发生婚变，巨额的经济利益可能会让双方争执得非常惨烈。

实际分割的时候，具体怎么分，一方面得看公司章程、其他股东的意见等公司法要求的条件；另一方面，建议双方充分协商，权衡利弊，顾全大局。

信息不对等的情况发生在夫妻一方完全不参与公司经营的模式中。不参与经营的一方，对必要的公司信息不掌握，不懂管理，对公司的财务状况也不了解，遇到心术不正的配偶，可能会发生巨额财产损失。

所以，对于创业夫妻来说，信任是必需的，而且知情权是必须得到保障的。如公司名称、股东信息、办公地址、经营状况、财务报表等，这些关键信息要做到心中有数，这样不会互相猜疑，也有助于婚姻牢固。

如果是双方都参与公司经营，股权结构要精心设计，避免对峙，又能够制衡。

☆ 创业的时候，如何保全家庭财富？

简单地说，就是做好隔离。要在家庭资产和公司资产之间，设立一道防火墙，把它们隔离开。就像电脑防火墙可以预防病毒一样。

家庭资产如果没有设立防火墙，就相当于在商业浪潮中去"裸奔"。如何做好家庭资产和公司资产隔离？下面说的几个雷区不要碰。

（1）创业主体谨慎选择，注册之前，搞清楚责任类型，尽量选择有限责任公司、股份有限公司等主体，因为这样承担的才是有限责任。个人独资企业、合伙企业、个体工商户等，这几个类型如果不是没得选，那就不要考虑。

（2）给自己买好人寿保险，一定要提前安排，不要等到欠债了再买，那就晚了。

☆ 发生婚变时，如何保护自己？如果一方婚内出轨，如何保全自己的资产？

王子和公主相爱的童话，就像是海市蜃楼，可以想象，但现实中并不存在。我前面讲的都是通过合理规划保证婚姻幸福、家庭稳定。可所有人的婚姻都会有低谷和震荡。

如果感情转淡，大家有商有量，一别两宽，事情还好办。如果是婚内出轨，就要有以下认识。

（1）被出轨这件事，在发现真相的那一瞬间都是致命打击，不论男女。在这个时间点上做决定是非常艰难的。无论是走还是留，是放手还是坚守，都不可能一咬牙、一跺脚就决定。最好先平静情绪，做好心理上的准备。

（2）要评估自己的婚姻状况，问问自己的内心想要什么样的生活、什么样的人生伴侣，这是一个系统工程。可以去找专业人士帮忙，如心理咨询师，帮你稳定情绪、处理创伤；还包括律师，从法律角度做评估给建议。

此外，为了保护自己，应该马上开始着手相关调查，有必要时还得搜集证据。在调查方面，我建议有三个方向：①情感状况调查：评估夫妻两人内部的情感状况，也要查查外部的婚外情到了什么程度，要有尽量全面、深入的了解。②财产状态调查：对自己家庭的整个财产情况和经济情况进行了解和梳理；另一半有没有向第三者输出什么家庭资产，要关注一下。③竞争对手调查：要尝试了解一下破坏你婚姻的人是什么情况，包括婚姻状况、经济状况、职业等。所谓知己知彼，百战不殆。

要真的发现自己被出轨了，不管多么热血上头，有两件事坚决不能做。

一是不能声张，要给自己留出时间应对；

二是不要自伤，遭遇出轨，再悲伤，再难过，也不能轻生。

☆婚姻告急，如何保全自己？

如果经过评估，认为婚姻确实无法维系了，那就进入离婚应对阶段。

都说结婚是两个人的事，离婚如果处理不好，可能会是一大堆人的麻烦。不光是要分手的两口子的事，还可能牵扯孩子、父母甚至事业合伙人。

大多数走到这一步的夫妻，最容易掉进下面三个大坑里。

第一个坑：傻乎乎签协议

离婚分两种：一种是协议离婚，另一种是诉讼离婚。很多人觉得"家丑不可外扬"，所以尽量不闹上法庭，总想着签个协议，到民政局走一趟了事。其实并没有那么简单。

你要知道，离婚协议一旦签不好，会引来无穷无尽的麻烦。根据基层法院的大数据，离完婚还打官司的，超过九成都是因为离婚协议没签好。

比如，没搞清楚状况，一开始同意不要公司只要房子，以为公司刚创业肯定是个赔钱货，结果到民政局领完离婚证，才发现公司融资了几千万。再比如，协议里语焉不详，说"各自名下财产归各自"或"其他财产无争议"等。要记住，协议内容越概括、越笼统，就越容易出问题。等离完婚，才发现对方其实还藏着掖着很多"私货"，就非常难办了。还有一个让人感到困扰的情况，离婚没多久，就接到法院传票，突然冒出个债主说："你家那口子离婚前找我借了好几十万，跑路了，虽然你们离婚了，但你也得还！"

这叫"夫妻共同债务"！

第二个坑：盲目转移财产

亦舒小说的女主角说："我要很多很多爱，如果没有，那么就要很多很多钱。"中国式离婚，尤其是那种因婚外情引发的，总是有点"爱到尽头恨绵绵"的架势，感情破产了，有的人就想在经济上决胜。

我虽然主张该争要争、应分得分，但你绝不能"非法转移财产"。什么叫非法转移财产？

比如，有人找几个亲朋好友，弄些假借条，伪造债务到法院打官司，想让对方少分财产，结果再审时被发现，连同帮忙的"债主"全被判了刑。再比如，一个出轨的丈夫，在离婚协议里承诺赔偿500万，却赖账不给，妻子就自作主张，从自家公司账户提了200万出来，万万想不到这会被以职务侵占罪判刑。

这些高压线千万别碰。否则，婚姻失败，伤了感情、失了金钱、垮了公司、添了债务，这些都还不是最可怕的。最可怕的，是因为乱来而招致牢狱之灾。

第三个大坑：仓促应战

有人是"潇洒派"，你对不起我，我也不想跟你啰唆，立马到法院起诉离婚，态度很坚决。然而，证据没有、财产线索也不掌握，就发动进攻，要是能痛快离了倒好，万一对方跟你来个"感情很好坚决不离"，由于证据不足，法院通常会驳回。你打草惊蛇，有百害而无一利。

还有的人接到对方离婚起诉书，不调查、不研究、不请律师，带着自家大姨就去法院开庭了，等到发现局势不利再找救兵，那可就晚了。

第七章　CHAPTER **7** >>>>>

我们距离体面养老有多远

>>>>>

康德说："老年时像青年一样高高兴兴吧！青年，好比百灵鸟，有它的晨歌；老年，好比夜莺，应该有他的夜曲。"哲学家的观点总是形而上的，哲学家的语言总是辩证而充满希望的。生活在现实天空下的我们，关于老年，常常感受到的是一种生命流逝的幻灭感和老无所依的孤单感。

英国保柏集团健康小组曾经在2016年发布过一项国际健康医疗研究报告。报告显示，在全球调研的12万人中，中国人对年龄的自然衰老是最抗拒、最担心的。中国45岁—54岁的人群（但其实按照世界卫生组织的最新年龄划分，45岁—59岁的年龄段还是中年人范畴）中，约有54%的人觉得自己已经老了；超过1/4的人想到变老会心情沮丧，想到孤独、疾病等消极字眼更会负能量爆棚；26%的人对变老有极强的恐惧感；30%的人对晚年生活表示担忧，不敢想象。

变老，对相当一部分人而言是难以言说的压力，是无法卸下的负担。伴随老化发生的改变和丧失本身就是一个需要去适应的过程：失去弹性并逐渐爬满皱纹的肌肤、染发植发都没办法再包装好的发型、有磨损甚至还兼具天气预报功能的关节、越来越差的听力和越来越迟钝的反应等。在日渐厚重的心境被注视之前，身体的衰老早已经惊动了感官。

不管我们以什么样的心情面对衰老，我们都必须承认衰老的客观性，因为生命发展是一个动力系统，贯穿了从受精卵到死亡全程。目前已知的人力和科学都无法违反生命会衰老这一运行的规律。既然如此，怎样安排、怎样保障自己的老年生活，就是所有人的一道必答题了。

1. 史上最强退休潮已来

2023年，按照我国现行法律规定，生于1963年的男性今年年满60岁要退休了，我国女性的退休年龄为55岁或者50岁（女干部年满55周岁，女工人年满50周岁），也就是说生于1973年的女性今年也要退休了。

再来看一下人口统计部门披露的我国新生儿波峰数据。自新中国成立以来，我国有过大概三次婴儿潮，第一次是1950年—1958年，第二次是1962年—1975年，第三次是改革开放之后的1981年及之后10年。在这三次婴儿潮里，1962年—1973年新增人口最多，为2.6亿人，其中1963年新增2934万人。

毫无疑问，未来10年，我们将迎来一个巨大的退休潮，我个人将它称为"史上最强退休潮"。

而新增人口从2018年开始，已经稳定下滑了5年，未来可能还将保留这种持续缩减的态势。国家统计局数据显示，2018年我国出生人口1523万，2019年是1465万，2020年是1200万，2021年是1062万，2022年是956万人。人口学专家何亚福表示，"2023年出生人口低于900万很有可能，但低于800万的可能性不大。"结果是，2023年我国出生人口是902万。

一边是退休人员越来越多，需要国家养老账户每年支出的退休工资总额逐年上升；另一边是缴纳社保的年轻人越来越少，他们看不到自己退休后领养老金的可能性，在生存压力太大的现状下，宁愿选择把缴纳社保的钱花在当下。再加上新生儿数量持续减少，能补充到国家社保的新生力量愈加薄弱。

随着生活水平的提升，中国老年人平均寿命呈现出持续增长的态势，据国家发展和改革委员会等部门印发的《"十四五"公共服务规划》显示，2025年中国人均预期寿命达78.3岁。国内超一线城市人均寿命已经远超上述平均标准。举例为证：2022年，上海市常住人口的预期寿命为83.18岁；2022年北京市户籍居民平均预期寿命为82.47岁。"长寿"显然已经是人口老龄化基础上的稳定新趋势，这也意味着退休生涯的延长。

在长达几十年的退休生活中，生活质量如何是一个需要格外关注的问题。影响老年人生活质量的，除了政府主导的基本养老体系之外，对个人而言，无非就是日常的衣、食、住，还有这个年龄段的各类型医疗费用。相应的，对于10年内面临退休的朋友而言，规划自己的养老保障已经是一件迫在眉睫的事情。如果你还没有什么概念，那么建议你先问自己几个问题。

（1）按照现行政策及养老金状况，10年后我们退休时，能够领取的退休金能有多少？可以简单测算一下。

（2）单纯靠退休金达到的生活品质能满足我的个人需求吗？

（3）随着年龄增大，疾病发生的概率增加，身体也每况愈下，届时的看病费用、养护费用，我能承担得起吗？

如果你思考之后觉得很难接受，那么建议你提前准备，抓紧时间为自己的养老生活做准备。现在开始，还能够利用时间的复利，用最少的钱得到最大的收益。

我现在还记得，一位在私企做总监的朋友2022年刚办完退休，原来年薪百万的金领阶层拿着第一个月5000元的退休金在风中凌乱的情形。这种巨大的落差，相信谁都很难接受。

(民生·民声)

人民日报：社保不是万能的

吴秋余

2015年01月23日09:24 | 来源：人民网·人民日报　　　　　　　Tr小字号

一个健康的养老保险体系，应该由基本养老保险、企业年金、商业保险共同组成，不能期望基本养老保险将所有的事情都办好，实现"老有所养"，还需要家庭和个人未雨绸缪，做好社会保险之外的功课

以前的生活标准势必难以为继，即使节衣缩食，未来面对可能突发的疾病和变故，也依然是杯水车薪。这个活生生的例子提醒我们，面对未来长达几十年的退休生活，更应该做好养老期的经济准备、健康准备。这一点也是决定我们未来退休生活的关键因素。

我们都知道日本在1970年就已经进入老龄化社会了。作为超级老龄化社会，在面对老年人持续增多，少子化日趋严重，交养老金的人与领养老金的人不成正比的情况下，政府只能宣布延迟退休年龄。2021年4月1日，日本开始发布政策，把退休年龄从65岁延迟到70岁。目前日本有900万65岁以上的老人仍在继续工作。

提早准备，比别人先行一步，一直是拉开差距的最有效的方法，人生也是这样。

2. 退休生活的幸福感如何获得

19世纪英国最伟大的作家之一，唯美主义代表人物王尔德曾经说过："在我年轻的时候，曾以为金钱是世界上最重要的东西，现在我老了，才知道的确如此。"这不是一句拜金言论，表明的是一个跨越时间和阶层的生活底层逻辑：没有钱是万万不行的。

钱对于已经退休只能拿固定退休金的老年人而言，意义非比寻常。这是由老年人的人生阶段决定的。

相当一部分人对晚年生活的想象，都是"退休金+储蓄"构成吃喝不愁、幸福无忧甚至富足安逸的晚年。现实中晚年的真相，是生活中总会骤然出现疾病或事故，搅乱晚年的安宁。

日本作为超级老龄化社会，日本老人的退休生活可以为我们带来启示。

藤田孝典是日本的社会福祉博士，圣学院大学教授。

在埼玉县经营一个援助生活贫困人群的NPO机构（非营利组织）。每年该机构会接受约300余名生活贫困者的咨询，其中约半数为65岁以上的老年人。老人们的咨询大都围绕着最基本的生存问题。有人困于好几天吃不上饭，有人苦于交不起房租，许多人生病后被医药费困住，养老金微薄更是个共性问题。

在为高龄老人服务的一线工作中，藤田孝典发现日本社会存在着相当数量的"收入少到'没有'、'没有'充足储蓄、没有可以依靠的人（社会的孤立）"的"三无"高龄老人，藤田孝典将这一类失去所有安全保障的"三无"高龄老人称为"下游老人"。

是什么原因导致这些老人成为"下游老人"？藤田孝典在研究中发现，这些高龄老人的下游化是有一定路径可循的。突发重大疾病或事故，子女成为穷忙族/啃老族，中老年离婚，罹患阿尔茨海默病，养老机构价格高昂等都成为老年人沉沦到"下游"的因素。其实这样的调查结论是不分国界的。因病致贫、因病返贫，更是全世界难题。若要用一个词总结上述情形的主要原因，那就是：没钱。要么是没有准备好足够的钱去应对突发疾病或者事故，要么是没有持续稳定的现金流可以覆盖支出。而且老人退休后再就业，只能找到一些低收入工作。

藤田孝典在自己的著作《下游老人》中引用日本内阁府公布的《2010年版男女平等白皮书》数据：65岁以上国民的相对贫困率为22%，只有高龄男性家庭的相对贫困率是38.3%，而这个数字在只有高龄女性的家庭是52.3%。也就是说，差不多一半以上的高龄单身女性生活在贫困线以下。

我身边有越来越多的朋友和客户选择不结婚、不生孩子，每次遇到这样的朋友，我都建议他们一定要多存钱。因为大龄单身老人独自面对生活，就是要比与家人在一起生活的老人艰难。更直白地说，家庭成员可以在生活中的大事小情中提供力所能及的帮助和支持，无论是资金支持还是情感支持。年轻时候自己扛着想独立，老年人自己扛着才是真正的孤独，是老无所依。

因为工作关系，我与很多位朋友、客户深度交流过"如何能过上幸福的退休生活"的话题。大家的期待各有不同，有人说每天不用为了上班奔波，和家人一起每顿三菜一汤就很满足；还有人说，吃喝玩乐最好。

但有两条标准获得了大家的一致认可。

（1）老年以后内心平静很重要。养生先养心，心平寿则长。

（2）老年以后家庭关系圆融，不需要处理婆媳关系、妯娌关系和各种鸡飞狗跳的事。

从这两条标准不难看出，于老年人群体而言，幸福感的两个影响因素，一个是积极情绪，另一个来自社交关系。

当我们使用"自然存在"的方式思考"何为活着"，就会发现每个年龄段在我们这短暂的一生中都是唯一的"存在"，即所有人都平等地经历着生老病死。而我们以什么样的态度来看待生命老去，就将以什么样的状态度过我们漫长的老年时光。

关于社交关系，2002年世界卫生组织发布的《积极老龄化：政策框架》一书中提出了"积极老龄化"的概念，希望动员全社会人民的关注和社会资源的倾斜，以确保"老年人始终是其家庭、所在社区和经济体的有益资源"。这个概念也在提醒我们，不要只是从单一维度把老年人看作需要额外照顾的弱势群体，他们也有自己的情感需求、建立关系的需求、被需要的需求，甚至比年轻人更强烈。

在电影《年轻气盛》中，有一句非常出圈的台词。"年轻时，一切看起来都很近，那是未来；年迈时，一切看上去都很远，那是过去。"站在老年的时光里，我们喜欢慢镜头回忆往事，但是生活在舒适的环境里，衣食无忧身体健康，能全身心回忆的前提，是我们的生活有足够的保障。用电影里这句台词来结束这个章节，是希望每个人都可以享受自己的老年生活。

3. 实现养老自由的黄金方案

在我们传统的认知中，养老模式有两种。一种是基于"子女赡养"传统文化的家庭养老模式；第二种是选择养老机构群居的方式。但这两种模式都面临着现实巨大的压力。

受到20世纪80年代开始的人口政策影响，目前中国主流家庭结构是"四二一"，面临抚养四个老人的现实问题。随着抚养比的逐年升高，传统的家庭支持式养老已经很难满足当下老年人的养老需求。

相关数据显示，国内养老机构护理人员数量不足100万。其中，经过专业训练、持证上岗的护理人员不足10%。

而中国半失能和失能老人数量约4000万，养老护工岗位供给缺口达550万，新增老年护工的流失率为40%—50%。日益庞大的老年人口数量与全国养老机构护理人员数量形成了鲜明对比。这种严重倾斜的比例，势必会影响养老机构的服务质量。

传统养老模式已然面临挑战，为了免于养老院的生活，同时也为了不让子女承担过多压力，近两年有不少个性十足的新型养老模式正在小圈层中流行，但是对经济储备和个人身体条件都有一定要求，这里分享给大家。

第一种是候鸟式养老。这种养老方式很有候鸟旅居的感觉。老人们每隔一段时间就会选择一个目的地，在那里租一间房子短暂生活，品尝当地美食、欣赏当地风光、参加当地活动、交一些朋友和与人交谈等。然后再去往下一个地方。

第二种是结伴养老。子女成家立业后，要么在外地，要么住在其他地方。老人们单独居住在城市里已经越来越普遍了。这种养老模式，是老年人选择与一些兴趣相投的老人一同生活，可以一起吃饭、聊天、阅读、打牌、养狗等，互相有个照应，结伴解决养老问题。至于生活开支，会根据各自的经济状况去分摊。

第三种是返乡过田园生活。这种养老方式主要针对的是城市居住的老人。在城市里度过一生，晚年更倾向于跟家人一起选择一个安静的村落，呼吸着新鲜的空气，过着慢节奏的生活，种种菜养养花，在幽静的田园氛围里慢慢变老。

不管是什么样的养老方式，都在考验我们养老金的准备情况。对于我个人来讲，我已早早开始为自己规划养老。客观来看，经济高速增长的时代已经过去，我判断未来的20年是可预见的，想象空间是有限的。我觉得我给自己准备养老的钱还是比较可控的。

40岁时我给自己做了一份养老计划，除了家庭的关系圆融外，我想养老最重要的就是钱了。所以每年储蓄20万元，坚持10年，用一份养老年金险作为工具，从55岁开始每个月会有1万多元的养老金打到我的指定账户，直到我生命终结，这也意味着我55岁退休时月薪过万。所以我常常跟朋友们开玩笑，说我将来一定是以处级干部的身份退休。

考虑到未来长寿时代，我们可能会活得很久，通货膨胀必将成为养老过程中不可避免的风险，我们还需要考虑

70岁甚至更老后自己的花费，所以一份70岁左右开始领取的年金险也是我的另外一个安排。

此外，未来的照护也将是我们这代人面临的大问题，我也给自己做了养老社区的规划。目前市面上有多家保险公司都在布局养老社区，比如泰康人寿、中国太平、中国太保、中国人寿、光大永明人寿等，这些都可以成为我们未来养老的备选。

另外，除了现金流外，我们还需要一些应急资金的储备，这笔钱的特点是流动性强，随时可以调用。目前市面上的增额寿险是个好的工具。

养老问题是一个长期存在的问题。我们需要有意识地去提前布局，也要注意养老产品的选择，衡量性价比，判断各种方式的利弊。能实际满足个人需求，解决个人难题才是最好的。我的养老方案当然不是最完善的，后面有合适的机会会逐步去完善。这里供大家参考。

保险公司	养老社区	参与模式	网点规划	入住门槛
泰康人寿	泰康之家	重资产独立开发	北京、沈阳、天津、武汉、长沙、郑州、杭州、上海、广州、苏州、南昌、厦门、宁波、合肥、青岛、福州、温州、济南、三亚、南宁、深圳、成都、重庆、哈尔滨、南京	200万起
光大永明	光大汇晨今夕延年百龄帮	第三方合作/租赁物业/委托管理	北京、江苏、浙江、重庆、广东、海南山东、福建、河南、宁夏、安徽	旅居:30万起长居:70万起
鼎城人寿	光大汇晨今夕延年	第三方合作/租赁物业/委托管理	北京、江苏、浙江、三亚、宁夏	旅居:30万起长居:65万起
恒大人寿	恒大养生谷	重资产独立开发	南京、昆明、三亚	100万起
人保人险	人家颐园	重资产合作开发	大连	200万起
招商仁和	仁和颐家	重资产独立开发	广州、深圳	300万起
中国人寿	国寿嘉园	重资产+合作开发	北京、天津、苏州、三亚、深圳	200万起
太平人寿	梧桐人家	重资产独立开发+第三方合作	北京、上海、合肥、青岛、三亚、苏州、杭州、广州、昆明	120/150万起
阳光人寿	阳光人家	重资产独立开发	广州	100万起
合众人寿	合众优年	重资产独立开发+第三方合作	武汉、南宁、沈阳+12家旅居项目	30-50万起
太平洋	太保家园	重资产	成都、武汉、上海、大理、南京、厦门、杭州	200万起
中国平安	平安颐年城	重资产	浙江桐乡、深圳、北京	1000万起
新华人寿	新华家园	重资产	北京、海南博鳌	200万起
复星保德信	星堡	第三方合作/租赁物业/委托管理	北京、上海	150万起
百年人寿	星堡	第三方合作/租赁物业/委托管理	北京、上海	150万起
君康人寿	君康年华	重资产	北京、上海	200万起
大家保险	首厚大家	第三方合作/租赁物业/委托管理	北京、上海、杭州、北戴河、黄山、三亚	旅居:20万起长居:200万起

常见问题答疑

☆如果想要退休金每月过万，如何实现？需要做哪些准备？

大多数人都缴纳了一定年限的社保养老金，到了退休，能拿到手的退休金按照社会平均替代率，会将退休前的工资打四折。假设我们退休前月入过万，退休后每月工资大概有4000元，距离理想养老金数额还有6000元的差距，这就需要使用终身年金险这样的工具补充。

但是，按照最新的养老规划模型，个人在进行养老规划的时候有五个途径，称为"四账户一补充"。四账户分别是社保养老金、企业/职业年金、国家税优个人养老金、商业养老保险，一补充是指我们提前规划的其他专门用于养老的资金。

关于如何制定个人养老规划，可以扫码获取制定个人养老方案的标准6步法。

☆**养老准备什么时候开始最具性价比？**

不同年龄阶段，面对的家庭经济压力、收入水平不同。时间越早，越能够发挥资金的价值，享受复利的成果。以60岁退休生活需要300万养老金为例，30岁开始准备，每年投入12万，坚持10年，加上时间的复利，就可以在60岁时拥有300万。如果50岁再开始，则需要每年准备24万甚至更多。

关于不同金额养老金如何准备，可以扫码查看详情并咨询。

☆关于候鸟式养老，需要做哪些准备？

冬季北方老人到南方避寒，夏天南方到北方避暑。这种候鸟生活已被越来越多的老人所接受，国家政策也鼓励这种养老方式。

但是，顺利实现候鸟式养老还需要多个准备，比如定期体检、有朋友陪伴。最重要的准备是有稳定的终身收入现金流，任何房产、权益类资产都无法直接当钱花。不管是存款，还是任何资产，都有被消耗殆尽的可能性。只有终身现金流才是老年时期的安全感来源。

　　对个人而言，商业养老年金就是一个很好的工具，它也是社保之外唯一一种可以提供终身收入保障的工具，只要我们活着，就有钱打到我们的账户里，永远不用担心没有钱花。

　　想了解不同类型商业养老年金险详情，可以扫码查看并咨询。

慈善，是剩余财富的最佳归途

>>>>>

美国心理学家亚伯拉罕·马斯洛在1943年发表的论文《人类激励理论》中提出了著名的需求层次理论，将人类的需求像阶梯一样从低到高按层次划分为五种，分别是：生理需求、安全需求、社交需求、尊重需求和自我实现需求。他认为，当烧饼都吃不上的时候，即便是非常好听的交响乐也很难欣赏。

　　这实际上是一个需求层次与财富分配不对等的体验表达。当我们将马斯洛心理需求金字塔和标准普尔家庭资产象限图相对应后会再次验证"不同层次的需求，对应不同的财富管理方式"的结论。

在前面的章节，我们讨论的其实都是满足不同阶段的基本生活需求和保障性方案，解决的是"买烧饼的钱"和应对"灰犀牛/黑天鹅"的问题。那么本章，我们来聊聊提高人生幸福感、进一步体现人生价值的善心善行。

1. 站在巨人的肩膀上看风景

美国慈善事业之父安德鲁·卡内基在1889年《北美评论》上发表的《财富的福音》一文中列举了三种处理剩余财富的方式：家族后代、赠给公共事业、财富所有人在有生之年妥善处理。

卡内基对这三种方式进行了比较。他认为，第一种方式下，巨额遗产对受益人往往是害多利少，家族内斗或者社会不安定力量的觊觎都可能是飞来横祸；第二种方式下，遗赠人的巨额财富在其身后未必能得到最佳运用，世界范围内关于社会赠予的监管都尚有很大的完善空间；第三种方式可以使聚集在少数人手中的剩余财富，因为妥善用于公益事业而成为实质上的多数人的财产，这样产生的效益远胜于在全民中分散很多笔小钱。

卡内基是个坚定的慈善家，他曾说过："富人若不能运用他聚敛财富的才能，在生前将其财富捐献出来为社会谋取福利，那么死了也是不光彩的。"这样的财富观，奠定了20世纪美国公益事业的理论基石，也成为约翰·洛克菲勒（19世纪第一个亿万富翁）、亨利·福特（美国汽车工程师与企业家）、比尔·盖茨（连续13年《福布斯》全球富翁榜首富）等世界级名人在财富支配方面的"理论&行动导师"。

约翰·洛克菲勒一生总共捐助了约5亿5000万美元用于慈善事业。1913年创建了洛克菲勒基金会，为世界各地的医学研究和教育、公共卫生倡议、科学进步、社会研究、艺术和其他领域提供援助。

亨利·福特强调企业应该对社会负责，并坚持财富的分享与社会福利的投资。他成立了福特基金会，致力于教育、医疗和社区发展等领域的慈善事业。

比尔·盖茨除了"微软创始人"的标签之外，慈善也是他被大众广泛知道的事业。2000年，创立了比尔及梅琳达·盖茨基金会，致力于改善全球公共卫生、教育和经济发展等领域。

这些世界顶级富豪都将慈善作为倾注毕生心力的事业，不仅是对卡内基财富理念的认可与践行，也为社会公益事业树立了很好的榜样，营造了充满善意的社会氛围。

2. 赠人玫瑰，手有余香

在诺贝尔文学奖获得者莫言看来，发展慈善事业是一个社会文明程度的标志。

对于一些成功人士/富人群体而言，对社会公益的投入是慈善；对于普通家庭/社会大众而言，"慈善"这个词似乎比较有距离感，或许"做好事"这个词会更具亲和力，更容易被接受。就像我们都很熟悉的那句俗语"赠人玫瑰，手有余香"一样，善行的影响从来都不是单向的。

这里面的深层逻辑，是一种中国古老智慧或者说是朴素理想的表达，《礼记》中的名篇《礼运大同篇》写道："大道之行也，天下为公。选贤与能，讲信修睦，故人不独亲其亲，不独子其子，使老有所终，壮有所用，幼有所长，鳏、寡、孤、独、废疾者皆有所养，男有分，女有归。"这是理想社会的状态，创建的基础来自社会，每个人都主动肩负起对弱者的责任。民间的觉醒与行动，无数公民的微力付出，才是促使社会向好的方向转变的强大动力。

行善这一行为连接着援助者和受助者双方，遵循以下两个原则，会让善行更具温度。

（1）基本原则：你所给予的正是受助者最需要的。

（2）最高原则：保护受助者的尊严。居高临下的施舍，即"嗟来之食"式慈善的特点，就是施其所需，夺其尊严。无视受助者的尊严，因道德优越感而做的慈善，不是真慈善，而是伤害。这也是为什么我们在开展公益活动时，不鼓励刻意摆拍和受助者在一起的照片或录制相关视频。在传播时，必须考虑是否会对受助者造成伤害，或引起公众反感和质疑，最好先征得受助者同意，再以合适的方式做社会面传播。

把慈善作为一种生活方式，用正确的方式去行善，或许你慢慢会感受到行善和被善所照耀的互利。

3. 心怀善念，量力而行

俗话说："常怀善念，必有善行。"我们每一个个体都是社会的细胞，每个家庭是社会的基本单位。当我们将公益慈善的理念内化为自己的生活习惯，在力所能及的原则下积极地参与慈善活动，并能广泛发挥个体的带动作用，让慈善成为社会的一种惯性，真正的社会变革便开始启动，渐进而深刻，更大的改变也会在优渥的孕育环境中萌芽。

政策在支持，企业在投入，个体在行动。行善的方式也在这样的良性交互中更加丰富，实现全民参与零门槛。而我们普通人，不管是借助平台的力量，还是借助产品的力量，都可以让自己的善心落地到善行，让自己的善行结出善果。同时全流程更加透明化，全链条可追溯。

首先，借助平台的力量。目前，已知的一些公益在行动的头部企业，如腾讯公益、阿里公益、字节跳动公益等都在做主题慈善，可以满足我们的随手捐、主题捐，甚至是慈善消费等需求。

（1）腾讯：99公益日

"99公益日"是由腾讯公益参与联合发起的一年一度全民公益活动。2015年9月9日启动，是中国首个互联网公益日，主张"人人可参与"，截止到2023年底已经成功举办了

9届。连接了数亿爱心网民、数万家公益机构和爱心企业。共有超过4亿人次在99公益日期间进行了爱心捐赠，公众捐赠总额超过168.53亿元。

它的参与方式非常灵活、轻量、便捷，小额现金捐赠、步数捐赠、声音捐赠、公益答题等行为，都可以参与公益。也有不断升级的互动玩法，连接腾讯企业多生态环境，让公益行动变得有趣。

（2）阿里巴巴公益：XIN益佰计划

XIN益佰计划以"公益宝贝"产品为中介桥梁，一端连接淘宝天猫平台的爱心商家，另一端连接行业内不同发展阶段的优质的公益组织和公益项目。属于基于商业日常的公益宝贝"交易捐"模式。重点关注包含教育发展、儿童关怀、疾病和灾害救助、环保动保、健康关爱、乡村振兴、扶危济困、老龄关爱在内的八大公益领域。

"消费者每购买一件商品，爱心商家代消费者捐赠2分钱"，这就是公益宝贝的运转逻辑。相信大家可能都或多或少地参与过这个项目，尤其是2023年，淘宝天猫上有超过200万个商家设置了公益宝贝商品，公益宝贝的数量自2021

年计划启动到现在逐年增加，而且还新增了18.8万件"顺手买益件"商品，可供消费者选择。在购物场景下，随手做公益，快乐购物，快乐做公益。

（3）字节跳动公益：DOU爱公益日

2023年9月5日是字节跳动公益发起的第二届"DOU爱公益日"。通过爱心好物公益直播带货的形式，连接中国妇女发展基金会、纺织之光科技教育基金会、壹基金等公益基金组织。商家在抖店后台将商品加入爱心好物，选择对应公益项目及捐赠比例，即可实现每卖出一个商品定向捐赠支持公益项目。

对用户来讲，拿着手机动动手指头，关注、转发、分享，一键三连就可以参与公益任务。公益直播间购物，为支持的公益项目赢取配捐或直接捐赠，助力孤独症人群、帮助唇腭裂孩子、救助野生动物、温暖单亲妈妈。在转评赞中传播温暖与善意，让每一次下单都有温度。

在做慈善方面，我的个人观点是：有钱出钱，没钱出力。非常朴素且实用。我主要坚持做几件事情。

首先，我坚持从事教育行业，为孩子和家长们提供服务。我始终认为，教育才是真正长久的慈善。

其次，我加入了一个叫"好友营"的公益组织，为贫困山区孩子捐款，主要在大凉山和小凉山地区。每年资助几个学生，帮助他们接受更好的教育，读书能够拓展视野，建立正确的世界观。为了不干扰他们的学习和生活，我和我资助的孩子们从没碰过面，虽然我很想实地去认识他们，追踪他们的每一步成长。不过每一年我都能收到孩子们的回信，知道他们的近况。这样也挺好，希望他们都能顺利成长。

再次，我已经开始有意识地引导我的孩子去做慈善了。她们现在还小，所以我们先从为大家做一些力所能及的善举开始。目前主要是在慈善项目里做志愿者，筛选的项目也是以教育类为主。比如给欠发达地区的孩子们做一些服务。

此外，我们也在积极组织自己的慈善项目，从策划想法、捐助对接、志愿者招募、落地执行等多个维度参与慈善事业，把慈善这件事进行到底。

以利他、博爱、提升自我价值、担当社会责任为内涵的志愿精神、公民精神，始终是公益慈善事业赖以存在和发展的土壤，是根基所系。社会慈善公益事业在机构层面更需要制度化、透明化；个人公益慈善更需要守好心里的善念，克服善行的阻力。

在强调公益社会性和大众性的当下，我们可以去传播公益理念、公益活动等相关内容，让更多人开始关注公益；我们可以投入公益活动，去做志愿者，去做捐赠，去帮扶。"不以善小而不为"，让更多人去影响更多人，大家一起行动，激发更大的公益力量，推动社会问题的解决；我们可以借助平台的力量，追随标杆的脚步，不断深入公益，以水滴微薄之力凝聚成江河之势。

参考书目

《跳出猴子思维》：[美]珍妮弗·香农（Jennifer Shannon）著

《2023中国统计年鉴》：国家统计局 编

《准备》：黛安娜·塔文纳 著；和渊，屠锋锋 译

《下游老人》：[日]藤田孝典 著；褚以炜 译

《积极老龄化：政策框架》：世界卫生组织 编；中国老龄协会 译

后 记

　　用文字给我的女儿写一封长长的信，这是我特别想要做的一件事情。但是我一直不知道应该表达些什么。思来想去，我都没有办法用短短的几句话把我这12年来想要跟她们说的话全部都说尽，给她们留下详尽的生活经验/人生选择方面的忠告。现实情况是，我势必不能陪着她们走过人生的各个阶段。所以这本书变成一个达成我这小小心愿的载体。

　　出于工作原因，我每天都在忙碌，也因为我个人本来也不是个文字能力超强的人，所以写书这件事情一直没有行动起来。直到我开始坚持做短视频的输出，才突然发现原来人生还有那么多的感悟值得被梳理出来，去谈一谈聊一聊，成为我这段时光的一个记录。也告诉孩子们，妈妈在自己的生命里是如此努力，不曾虚度每一寸光阴。希望我蓬勃向上的精神可以在她们的人生进程中持续发挥力量和影响。此外，在服务客户的过程中，我确实看到了很多让人着急或者令人唏嘘的故事，明明可以提前规避掉很多风险，但总因为各种因素没能幸免。或者说虽然每个人的人生不同，但每个人都要完成自己人生历练的课题。我们生而为人，努力奋斗，潜心修行，无非是希望可以多一些保障和体悟，在物质和精神上都少受一点苦。我见过很多非常有钱的太太们，她们依然非常痛苦。这些痛苦大部分来自于内心的不安全感。这种不安全感甚至会伴随她们到人生的最后时刻。

如果你问我哪一种苦是真苦，我觉得，最苦的是在年轻的时候，为了取得巨额的财富而遭受心理上的苦，和家人、和自己心理上的对抗、撕扯。等人到中年，生意又不行了，再受钱上的苦。人生疾苦，似乎不曾停歇。

所以我特别不希望我自己的孩子经历那样的人生。即使不能享有巨大的财富，那一生安稳也是好的，有自己的热爱和追求，至少可以度过自己快乐的一生。其实每一个妈妈，寄予孩子的希望无非就是健康、快乐，平平淡淡过一生就好。没有波澜壮阔的生命体验才是我们妈妈们对孩子们最朴素的祝福。这是我写这本书的一个初衷。

这本书总结了很多我自己过去的一些感悟，包括来自我个人过往的一些经历。有不少人听说我考大学那段经历后觉得难以想象，也难以接受。但是在我看来，考大学这段经历挺好玩的。那时候也并不觉得苦，可能是因为求学阶段不需要操心钱的问题，再加上那个时候年轻，要做的选择，想执着的事情都更纯粹一些。所以什么都敢干，随着性子干。上大学之后确实会觉得局促，因为年龄比别人都大。而且20多岁再伸手向家里要钱总觉得不好意思。那个时候才对钱真正有了感觉，才想去赚钱。

在书中，我还分享了在保险行业从业6年的认知和经验。比如保险的每一笔钱应该有最终用途，这样才能够提高资金利用率。有的钱是为了将来养老，有些钱是为了孩子将来的教育，有一些特殊病种也要提前进行配置。由于我的家族有心脏病史，所以我还专门单独配置了一份保单。考虑到人在老年以后，牙齿、骨头大概率会出现问题，所以我也单独做了资金的安排。一旦将来出现了相关疾病，就可以动用这部分资金。如果没有出现相关病情，也算是做了储蓄。这就是专属保单的意义所在。

写完这本书才发现，原来我还能完成这么厉害的事。看似就是一封信，但没想到有这么多内容想要表达。但是因为能力有限，篇幅也有限，这本书中可能还是有一些地方说得不够清楚，表达得不够完善。

在本书完成之际，恰好电视剧《玫瑰的故事》正在热播。

同为女性，也是2个女儿的妈妈，很快便被剧中"黄亦玫"这个角色的性格所吸引，自信热情、精神独立。

看完整部剧，脑海中有个疑问久久挥之不去：黄亦玫为什么可以做到这样？如何能够做到像剧中黄亦玫那样，自信热情、精神独立？虽然被伤害过，却仍然对生活保持热爱，对爱情和家庭保持着向往；虽然经历了一次痛彻心扉的婚姻，但遇到所爱之人时，还是愿意投入真情实感。

我试着回顾和总结黄亦玫的成长经历：

和庄国栋之间是初恋的激情与活力，一眼沦陷的盲目之后，发觉未来选择上难以跨越的差异，然后她果断提出了分手；

和方协文的爱情，她勇敢选择了再进一步，进入婚姻的"围墙"，但她明白，女人在婚姻中不能失去自我，要有自己的底线和原则，所以她选择了离婚；

傅家明的出现让她明白，人世间除了生死，没有大事；

最后出现的何西，也没有真正拥有玫瑰，只是令她释放出更为灿烂的"悦己"态度，不囿于某一种现状或身份。

就我个人的感觉而言，爱情或婚姻带给黄亦玫的是成长，令她明白，不必追求幸福，因为她自己本身就是幸福。

对，无论何种境况，黄亦玫都没有忘记做自己。

在剧中，黄亦玫表现出来的"无论在什么样的境遇下，都具备爱的能力"，则是因为她的成长环境所决定的。

出生在书香门第，父母都是清华毕业生，并不是传统印象中的学者印象，不善于表达情感。这反而给当代父母做了很好的榜样，时而站在女性的视角了解女儿成长的不易，时而站在男性的视角，理解儿子成长的压力。

在陪伴孩子们成长的路上，帮助孩子们看清生活的真相，还要帮助他们持续热爱生活。

黄亦玫在充满爱的环境中成长，也具备了爱自己和爱别人的能力。但这不是最打动我的。

黄亦玫身上最值得我学习的是，其本身蕴含的巨大的能量。这个能量无论是用在谈恋爱的时候，还是用在学习成就自己的时候，无论任何境遇，都可以改变自己的人生。

而这正是我所向往的，孩子们，无论何时何地，都别忘了做自己、爱自己。自身保持巨大能量，这样的女孩运气都不会差，人生一定会幸福！

这本书完成于我女儿12岁的时候，也就是说，仅限于在我成为母亲后12年的认知和经验。对于未来，随着孩子长大，我们会有新的挑战和人生感悟，也希望交到更多的朋友，扫描书中的二维码就可以找到我。我也特别想了解大家的人生故事，无论是快乐还是悲伤，我都愿意向大家分享。也希望大家多多关注我。

© 团结出版社，2024 年

图书在版编目（ＣＩＰ）数据

如意生活 / 许晨星著 . — 北京：团结出版社，
2024.4 — ISBN 978-7-5234-0961-9

Ⅰ . ①如… Ⅱ . ①许… Ⅲ . ①散文集 - 中国 - 当代
Ⅳ . ① I267

中国国家版本馆 CIP 数据核字 (2024) 第 099281 号

责任编辑：张晓杰
封面设计：大咖书房

出　　版：团结出版社
　　　　　（北京市东城区东皇城根南街 84 号 邮编：100006）
电　　话：（010）65228880 65244790
网　　址：http://www.tjpress.com
E-mail：zb65244790@vip.163.com
经　　销：全国新华书店
印　　装：河北盛世彩捷印刷有限公司

开　　本：145mm×210mm　32 开
印　　张：6.25　　　　　　字　　数：116 千字
版　　次：2024 年 4 月 第 1 版　　印　　次：2024 年 4 月 第 1 次印刷

书　　号：978-7-5234-0961-9
定　　价：59.00 元
　　　　　（版权所属，盗版必究）